广东科学技术学术专著项目资金资助出版

铺地锦竹草屋顶绿化新技术

刘金祥　刘晚苟　张　涛　霍平慧　著

科学出版社

北　京

内 容 简 介

屋顶面积为一座城市面积的 20%~25%，被称为城市建筑的"第五立面"。由铺地锦竹草研制而成的"屋顶绿化草坪"外观整齐，在"无浇水、无施肥、无修剪、无喷药及无管护"的"五无"免维护楼顶环境条件下，持续多年生长良好。本书是铺地锦竹草应用于屋顶绿化草坪的最新研究，正文部分共有 6 章：第 1 章城市环境与屋顶绿化；第 2 章屋顶及草坪杂草调查与分析；第 3 章铺地锦竹草的生物学特性，包括形态特性、生理特性和生态特性等；第 4 章铺地锦竹草抗逆性生理生态研究，包括耐旱性、耐涝性、耐热性、耐寒性、耐重金属污染、耐盐性、耐阴性和修剪效应等；第 5 章铺地锦竹草繁殖方法研究；第 6 章铺地锦竹草屋顶绿化草坪建植技术与应用，后记部分探讨了城市屋顶绿化未来发展的思路与方向。

本书图文并茂、资料丰富，填补了我国楼顶草坪建植领域的某些空白，为我国南方楼顶杂草资源的开发利用提供了科学依据。本书可作为屋顶绿化设计与施工人员及园林、草业、生态、林业、环保工作者和大专院校师生在教学、科研与生产中的参考书目，也可为机关、学校、医院等单位及商务社区、房企和个人的屋顶草坪绿化提供启发和参考。

图书在版编目 (CIP) 数据

铺地锦竹草屋顶绿化新技术/刘金祥等著. —北京：科学出版社，2022.3
ISBN 978-7-03-071885-3

Ⅰ. ①铺… Ⅱ.①刘… Ⅲ. ①屋顶–绿化 Ⅳ.①S731.2 ②TU985.12

中国版本图书馆 CIP 数据核字（2022）第 043372 号

责任编辑：李 悦 薛 丽／责任校对：宁辉彩
责任印制：吴兆东／封面设计：刘新新

科 学 出 版 社 出版
北京东黄城根北街 16 号
邮政编码：100717
http://www.sciencep.com
北京建宏印刷有限公司 印刷
科学出版社发行 各地新华书店经销
*
2022 年 3 月第 一 版 开本：B5（720×1000）
2022 年 3 月第一次印刷 印张：13 1/2
字数：270 000
定价：168.00 元
（如有印装质量问题，我社负责调换）

第一作者简介

刘金祥，男，博士、教授，广东省热带特色资源植物科技创新中心和广东省热带特色植物资源工程技术研究中心主任，岭南师范学院创新创业教育学院副院长（主持），现从事热带牧草资源、牧草繁殖和生态学的教学与研究工作。1986 年西北农业大学本科毕业后分配至中国科学院兰州沙漠研究所工作，之后师从任继周院士和胡自治教授在甘肃农业大学获得草业科学硕士与博士学位，2001 年 6 月东北师范大学生物学博士后流动站出站，同时获得生物学教授任职资格。2001 年 7 月于湛江师范学院（现更名为岭南师范学院）生命科学与技术学院任教授、副院长，属广东省高等学校第二批"千百十工程"省级学术带头人培养对象。2006 年 7 月至 2007 年 7 月在美国农业部下属实验室 North Great Plain Research Lab 留学一年；2009 年 10～11 月在西澳大利亚大学（UWA）做访问学者。

现担任中国草学会理事、中国热带作物学会牧草与饲料作物专业委员会常务理事、中国草学会草业教育专业委员会常务理事、中国草学会草业生物技术专业委员会理事、广东省草业协会常务理事、广东省本科高校植物生产类专业教学指导委员会副主任委员，兼任《广东草业》副主编、《草原与草坪》杂志编委，以及《热带作物学报》《草业科学》等多种杂志审稿人。教育部"留学回国人员科研启动基金"评审专家、广东省农村科技特派员、广东省自然科学基金评审专家、湛江市战略性新兴产业招商顾问团专家、湛江市科技评估专家库专家，曾获第五届湛江市十大优秀青年、"湛江骄傲十大人物"称号。甘肃农业大学与广东海洋大学兼职硕士研究生导师，浙江、江西、江苏、河北、四川等省份科技项目评审专家库专家。

主持国家星火计划、教育部留学回国人员科研启动基金、广东省科技计划项目、广东省"千百十"优秀人才基金、湛江市科技攻关项目、湛江市"热带特色资源植物技术开发"重点实验室等纵向项目 15 项；主持广东省长大公路工程有限公司、北京绿茵达绿化工程技术公司等委托的横向项目 8 项。正式发表论文 136 篇，在科学出版社出版《神奇牧草——香根草研究与应用》等著作 4 部，主编或参编专著 6 部。作为第一发明人获授权专利 45 项，注册商标 4 个。获甘肃省科技进步奖二等奖 1 次、湛江市科学技术奖二等奖 2 次及岭南师范学院科研突出贡献奖。

序

刘金祥于西北农业大学（现名西北农林科技大学）本科毕业后就到了中国科学院兰州沙漠研究所，1998～1999 年在甘肃省草原生态研究所完成博士研究生论文的实验室数据分析与撰写，那时我认识了这个年轻人，他给我最深刻的印象就是干活能吃苦，做事有想法。

毕业后他就去了东北师范大学生物学博士后流动站进行博士后课题研究，2001 年出站后，已晋升为教授的他毅然选择了从北方去南方工作，扎根在祖国大陆南端的广东湛江。让我倍感欣慰的是，继 2004 年他主编的《中国南方牧草》由化学工业出版社出版后，2015 年又在科学出版社出版了专著《神奇牧草——香根草研究与应用》。

刘金祥团队自 2001 年以来在广东从事草业科学研究，2012 年在湛江市赤坎区大兴街 77 号房子的屋顶看见生长良好的铺地锦竹草，经过多方深入调查，该草在此屋顶自然生长超过 10 年，通过对不同茎龄铺地锦竹草生长与繁殖、修剪与遮阴、高温与干旱胁迫等多项研究，发现铺地锦竹草外观整齐、匍匐生长、高度不超过 15 cm，连续干旱 210 d 复水后也可恢复生长。由粤西野生铺地锦竹草研制而成的"屋顶绿化草坪"，根系既密又浅，不会破坏屋顶结构；土壤基质既薄又轻，不会产生楼板承重过大的问题；经受 2015 年 17 级台风"彩虹"的考验，抗风效果良好。该草坪在"无浇水、无施肥、无修剪、无喷药和无管护"条件下已在湛江楼顶连续生长超过 8 年，该技术获得了 3 个发明专利；最新研制的"新植物、旧楼顶、无维护和低成本"屋顶绿化草坪，已研发出 3 个产品。

他们团队最新研制的"免维护的屋顶绿化草坪"自主创新性强，被"学习强国"、国家林业和草原局林草新闻公众号、广东电视台、南方日报、湛江电视台、湛江日报和湛江晚报等媒体多次专题报道，引起社会的广泛关注，产生了良好的社会效益。免维护、低成本的铺地锦竹草屋顶草坪绿化技术具备高效率、全生态的优良特点，市场前景广阔。该技术有望在中国热带与亚热带地区及太平洋岛国和东盟十国城市楼顶推广应用。

近 10 年来，刘金祥教授及其团队对铺地锦竹草进行了一系列的实验与应用研究，取得了良好业绩。如今，凝聚了他及其研究团队 10 年研究成果的《铺地锦竹草屋顶绿化新技术》一书也即将出版。这份对草业科学的执着，使我欣然为之作序。我衷心祝贺这一著作的出版，并感谢刘金祥教授及其研究团队对南方屋顶草坪绿化作出的贡献。

任建国

中国工程院院士

2022 年 1 月

前　言

　　在温室效应加剧的趋势下，城市热岛效应也在不断加剧，滚滚热浪灼烧着每一个城市。绿色，是一个城市该有的底色；环境，是一个城市关键的形象，绿化城市环境，关乎着居民的生活质量与水平，关系着经济的可持续发展。

　　研究表明屋顶面积占城市总面积的 20%～25%，被称为城市建筑的"第五立面"。随着城市的快速发展，城市规模不断扩大，出现大量新建、在建的建筑，城市楼房数量不断增加，建筑密度不断提升。在建设用地的挤占下，城市绿化可用地的面积不断减少且受到局限。屋顶草坪绿化是在有限的城市空间里提高绿化率最有效的方式，不但有利于保护生态、调节气候、净化空气、遮阴覆盖，而且可以降低室温和城市热岛效应、节水节能。虽然每幢楼房的屋顶面积十分有限，但成千上万座高楼大厦的屋顶面积相加起来，就是一个十分可观的数字。目前，屋顶绿化被认为是固碳和节能减排的重要途径之一。在日益拥挤的城市里，屋顶绿化是提高城市绿化率和节能减排的又一个新方向，且已经成为世界关注的一个焦点。

　　屋顶绿化是节约土地、开拓城市空间、"包装"建筑物和都市的有效办法，是建筑与绿化艺术的合璧；融生态、环境、经济和社会效益为一体，是人类与大自然的有机结合。铺地锦竹草（*Callisia repens*）是鸭跖草科锦竹草属（*Callisia*）多年生草本植物，原产于美洲热带地区。该草茎呈蔓性，匍匐地面生长；叶长卵形或心形，薄肉质状，叶面有蜡质，色泽明亮，偶有紫色斑点泛布，叶缘及叶鞘带紫色；花呈淡白色；成熟的植株生态适应性广。目前有关屋顶野生铺地锦竹草的栽培驯化及生物学特性和抗逆性生态研究尚未见专业著作或文献报道。

　　本研究团队自 2001 年以来在广东从事草业科学研究，2012 年在湛江市研究基于屋顶绿化目的的野生铺地锦竹草。现有的植物分类书及几乎所有的网络资料都写明铺地锦竹草是耐阴植物，但是在无遮阴的屋顶依然生长繁茂的现状表明铺地锦竹草又是强阳性植物。

本书包括城市环境现状与存在的问题、国内外屋顶绿化发展概况、屋顶草坪绿化效益分析、屋顶草坪绿化的类型、屋顶草坪绿化设计的基本原则、楼顶杂草类型及人工草坪杂草现状与分析、铺地锦竹草的生态功能与应用价值、铺地锦竹草的基本特性、铺地锦竹草应用于屋顶草坪绿化的基本原理、铺地锦竹草的抗逆性生理研究等，通过上述系列研究提出铺地锦竹草的繁殖方法与栽培技术，为铺地锦竹草屋顶绿化草坪的应用奠定了基础，最后亦讨论了城市屋顶绿化存在的问题与未来发展的思路与方向。

本书对华南铺地锦竹草生物形态特征和物候期的变化及抗逆性指标进行了系列广泛的研究，为选择适应热带亚热带地区气候特点的易管理、低成本、适于大面积推广的屋顶绿化植物提供了理论依据和技术支撑。"铺地锦竹草屋顶绿化新技术"势必推动城市生态文明建设、低碳经济与可持续发展，并在海绵城市的建设中发挥良好的市场引领与示范作用。

著者

2021 年 12 月

目　　录

第1章 城市环境与屋顶绿化

1.1 城市环境现状与特征

城市是人类社会发展和文明进步的产物，城市的发展同样给人类带来了前所未有的压力与挑战。现代城市建筑物集中分布，人口高度密集，经济活动十分频繁，对原有自然环境的改造与影响程度不断增大，其气候、水文、土壤等自然生态明显不同于城郊及广大农村，因而形成了特殊的城市生态环境。生活在城市中的人类与生态环境之间的关系出现了不协调，而这种不协调性最明显的特征是城市人类生存环境质量下降及由此引起的城市人类生存危机感的加深。简而言之，就是"城市化"带来了"城市病"，而"城市病"是几乎所有国家曾经或正在面临的问题（陆铭等，2019）。

1.1.1 城市土地资源日益紧缺

人口密集是城市的普遍现象，尤其是一些大城市、特大城市。联合国经济和社会事务部人口司编制的《2018年版世界城镇化展望》报告显示，全球城市人口总量到2050年将增加25亿，其中中国将新增2.55亿，目前世界上有55%的人口居住在城市，到2050年，这一比例预计将增加到68%。人口的急剧增加，使得住房、交通、工业园区和其他基本建设都将占用更多的土地资源，从而导致城市用地资源日益紧张。

尽管城市人口分布格局随城市规划建设的合理化逐渐发生了一些重要变化，如近年来我国一线城市核心区人口往郊区迁移，但对大城市而言，由于其经济社会发展水平高于周边地区，会在相当长时间内保持对流动人口的高吸引力，因此，城市建设所开拓的空间仍将会被社会经济发展所需的迁移人口所占用，人口压力会进一步加大。城市生态环境资源日益紧张，市政设施建设、交通环境改善和城市形象塑造将会持续面临困难（李双成等，2009）。

1.1.2 城市自然生境破碎化严重

在人类城镇化进程中，天然植被大面积消失的现象不断出现，自然绿色生境破碎或片段化趋势增强。在我国快速城镇化进程中，普遍采取将依地势而流的水道改直、水泥铺设地面、填平湿地、铲平山包、去除植被，再建设新的大量的与自然隔离的人工景观，这破坏了保留多年的和谐自然景观，截断了植物与自然土壤的交流（詹姆斯·希契莫夫等，2013；杭烨，2017）。在市区与近郊区很难找到未被破坏的自然生境，导致城市生物多样性与自然生态系统存在巨大的差异，物种数量不断减少，生物种类发生变化。

1.1.3 城市热岛效应加剧

全球变暖已是不争的事实，政府间气候变化专门委员会（IPCC）《全球升温1.5℃特别报告》（IPCC et al.，2018）的结论指出：2017年，人类活动引起的升温高出工业化前水平约1℃，平均每10年增加0.2℃。其中人类活动排放的温室气体是近50年全球变暖的主要原因。

城市热岛效应是一种普遍存在的现象，一般随着城市人口密度的增加和城市规模的扩大，热岛效应的强度也逐渐增大，而空气相对湿度与空气温度呈反比关系，所以温度较高的城市，其空气湿度低于周围地区。其原因主要是城市大气悬浮颗粒物多，一方面会减弱太阳辐射；另一方面，颗粒物作为凝结核会增加水汽的凝结，使得城市的降水量、云雾量比农村地区高。此外，城市中建筑物的大小、高低、密度、走向不同，也会影响城市各区域的风向和风速；城市的热岛效应及城市内部小环境的温度变化，也会影响到空气的流动。城市热岛效应产生的主要原因如下。

1. 城市地表下垫面的变化

城市建设快速发展的过程中，需要大量的水泥和沥青用于屋顶建造，铺设人行道和其他道路。这些材料具有热物性，使城市地表比农村地区地表吸收更多的太阳辐射。此外，这些材料具有不同的表面辐射特性，这意味着它们以热辐射或热的形式传递能量，从而使得城市环境问题日益突出，区域气候与天气格局发生改变（如极端灾害天气发生频率明显提高），加剧了城市气候的变化程度，特别是城市热岛效应，影响了城市居民的生活与安全（Lambin et al.，2001；Patz et al.，2005）。

2. 城市植被的绿色覆盖率较低

较低的绿色覆盖率减弱了植物对热量的蒸腾作用。在蒸散过程中，发生了两种相互作用：蒸发和蒸腾。在蒸发过程中，水分从土壤表面与植物叶片蒸发到周围的空气中；在蒸腾过程中，植物中的水分含量以蒸汽的形式通过植物叶片的气孔蒸腾消失。由此可知，蒸腾作用过程有助于冷却周围的空气。

3. 城市高楼林立的峡谷效应

城市高楼林立，楼与楼之间相隔很近，这就提供了多个表面反射和相互吸收光照；另外，这些高大密集的建筑物阻止了自然风在城市中的自由流动，如果风不能任意流动，那么对流冷却就不会发生，空气污染就会增加。太阳光吸收和反射的增加及对流冷却的缺乏共同作用导致周围空气温度的升高。随着城市温度的上升，城市内的臭氧水平也在不断增加，城市热岛效应加剧。众所周知，城市热岛效应在世界上的多个城市都在上演，我们可以做的预防措施包括加强环境绿化、减少车辆废气排放及协调人类活动与环境保护之间的关系等。

国内外城市绿地降温效应的研究表明：在全球气候变化及快速城市化背景下，人们越来越意识到城市绿地在协助城市应对气候变化方面的重要作用，以及科学规划和管理绿地的重要意义（Oreskes，2004）；在新的技术和理论支持下，城市绿地降温效应的研究方法不断完善，研究内容不断深入和拓展（孔繁花等，2013）。

在夏季热浪中，城市温度升高使得城市居民饱受高温的折磨，对于大部分老年人来说，尤为严重。研究发现，城市热岛不仅增加了热浪的温度，而且延长了热岛的持续时间。极端的温度会导致热痉挛、中暑和衰竭。此外，如果一个人长期在极端的热浪中生存，将会受到永久性的器官损害，这意味着，他们将会有更大早期死亡的风险（李天健，2014）。

1.1.4　城市大气污染日趋严重

大气污染是城市生态系统的一个主要问题，最易被城市居民直接感受。我国城市大气污染物中，总悬浮颗粒物、二氧化硫及氮氧化物是主要污染物；汽车尾气污染呈上升趋势，表明我国一些大城市大气污染因素开始转型；北方城市的大气污染程度较南方城市严重，尤以冬季最为明显；大城市大气污染发展趋势减缓，但是中小城市大气污染恶化趋势甚于大城市（冷平生，2015）。

近年来我国加强了对城市大气环境的治理，大力改善能源结构，减少煤炭使用，增加绿色能源在生产、生活中的使用；加强生态环境建设，城市空气质量得到不断改善。但交通运输业的快速发展，使得汽车尾气中未燃尽的大量碳氢化合物和氮氧化物引发光化学烟雾污染，日益浓厚的烟雾导致人类呼吸道疾病大面积发生，目前我国城市的大气污染问题仍然十分严峻。

1.1.5　城市绿地数量不足，生物多样性明显减少

城市规模迅速扩大，在区域土地总面积中，城市占用土地面积的比例并不大，

但是随着现代城市的扩容规模越来越大，城市所占土地面积的增加速度也在日益加快。城市绿地是城市生态系统的绿色基础，对整个城市生态环境的改善起着关键性的作用。

国务院 2016 年印发的《"十三五"生态环境保护规划》指出，到 2020 年，城市人均公园绿地面积达到 14.6 m^2，城市建成区绿地率达到 38.9%，该规划还包括维护修复城市自然生态系统，提高城市生物多样性，加强城市绿地保护，完善城市绿线管理；扩大绿地、水域等生态空间，合理规划建设各类城市绿地，推广立体绿化、屋顶绿化；开展城市山体、水体、废弃地、绿地修复，通过自然恢复和人工修复相结合的措施，实施城市生态修复示范工程项目。尽管 20 年来我国城市绿化建设取得了较好的成绩，但城市绿化的相关指标仍不高，特别是大城市的中心城区，其绿化覆盖率与绿地率均维持在较低的水平，并且整个城市的绿地布局不均。城市绿地是城市中生物的栖息地和生态过程的发生空间，只有在城市发展建设中面向生物多样性保护，面向生态环境保护，才能维持绿地生态系统的健康，并充分发挥其在城市生态系统中的生态和景观功能，实现整个城市的可持续发展。

1.2 屋顶环境现状与特点

屋顶作为楼宇的头部，可以分为：平顶式、坡顶式和综合型，是整个建筑十分重要的组成部分，被称为是城市建筑的"第五立面"。建筑物的屋顶既是时代的印记，又是城市的窗口，更是城市风格与面貌的标志。随着城市中高层建筑越来越多，"第五立面"显得越发重要，尽管近年来"第五立面"更加频繁地进入人们的视野（赵娜娜和孔强，2009），但是目前大多数的城市建筑屋顶仍然是灰蒙蒙、光秃秃的，甚至散落着一些七零八落的杂物，或杂乱无章的线网，毫无美感可言（图 1-1）。

图 1-1 湛江市赤坎区光秃秃的屋顶（刘金祥拍摄，彩图请扫封底二维码）

相关部门对建筑屋顶的管理依然处于管理的"洼地"，如规划部门在审批建筑时，往往忽视对"第五立面"的审查，更不会注意它和周边建筑屋顶之间的和谐与协调；设计部门很少从美学角度来审视自己设计的"第五立面"，有时即便在屋顶上稍加装饰，也缺乏既有个性又与本建筑相协调的美感；主管部门对已建成楼宇的屋顶也没有制订切实可行的管理措施（谭一凡，2015）。可见，屋顶空间仍处于自行使用、自行管理模式，缺乏空间上的协调统一，该现状对营造出靓丽的城市空间景观非常不利。

我国绝大多数建筑屋顶还处于未利用状态，经过雨水长年累月的洗礼，呈现在眼前的是灰蒙蒙的一片；有些建筑，特别是旧建筑，屋顶搭建了临时搭棚、堆放垃圾，环境卫生现状令人担忧。国内已有屋顶绿化主要分布于五星级酒店，近年来兴建的商住楼，其屋顶绿化多数属开发商为增加商住楼商品价值而赠送或开发的，有些机关事业单位的办公楼顶也布置了屋顶花园，但占比较少。其他屋顶利用方式主要有修筑屋顶蓄水池、空调冷却塔，安装屋顶太阳能热水器、无线通信发射机、电视天线、广告牌等。

屋顶的环境因子主要包括光照、温度、风、降水与相对湿度、大气污染与噪声。

1.2.1　光照因子

屋顶上光照强度大，接受日辐射时间长，为植物光合作用提供了良好环境，有利于阳性植物的生长发育。例如，在屋顶上种植的草莓，可比地面种植的提前 7～10 d 成熟；在屋顶上种植的月季花，比地面上种植的叶片厚实、浓绿，花大色艳，花蕾数增加两倍之多，而且，春花开放时间提前，秋花期延长。同时，高层建筑的屋顶上紫外线较强，日照长度比地面显著增加，这就为长日照植物的生长提供了良好的光照条件，与城市地面相比，屋顶更有利于阳性植物的生长。

1.2.2　温度因子

建筑物材料的热容量小，白天接受太阳辐射后迅速升温，晚上受气温变化的影响又迅速降温，致使屋顶上的最高温度和最低温度高于或低于地面的最高温度与最低温度，日温差更大。在夏季，白天屋顶上的气温比地面温度高 3～5℃；晚上低 2～3℃（张景哲和刘启明，1988；曹京杭，2000）。较大的昼夜温差，对植物体内积累有机物十分有利，但过高的温度会使植物的叶片焦灼、根系受损，过低的温度又对植物造成寒害或冻害，因此，只有在一定范围内的日温差变化才会促进植物的生长。

1.2.3 风因子

屋顶位于高处，四周相对空旷，风速比地面大 1～2 级且易形成强风，对植物生长发育不利（殷丽峰和李树华，2006）。因此，屋顶距地面越高，绿化条件越差。屋顶花园的土层通常较薄，乔木的根系不能向纵深处生长，故选植物的时候应以浅根系、低矮、抗强风的植物为主。另外，就我国北方而言，春季的强风会使植物干梢，对植物的春季萌发往往造成很大的伤害，所以在选择屋顶种植植物时要充分考虑风因子。

1.2.4 降水与相对湿度

屋顶水分条件主要受降水与空气扩散影响。降水条件一致，但空气相对湿度情况差异较大，相对湿度比地面低 10%～20%。一般低层建筑上的空气相对湿度较地面差异小，而高层建筑上的空气相对湿度由于受气流的影响大，往往明显低于地表（殷丽峰和李树华，2006）。屋顶植物蒸腾作用强，水分蒸发快，因此更需要保水。

1.2.5 大气污染与噪声

屋顶高于地面几米甚至几十米，因此气流通畅、空气清新、污染物少。屋顶空气浊度比地面低，对植物生长有利。屋顶花园一般与周围环境相分隔，没有交通车辆、噪声与车辆尾气的干扰，而且很少形成大量人流，因而既清静又安全。

另外，屋顶小环境，如屋顶上的建筑附属设备（包括水管、空调器、建筑物通风口等）和园林建筑（景观亭、廊架）等都会产生荫蔽、背风的区域，这些区域中的光照、温度、风力等生态因子会发生改变，这都会影响屋顶绿化植物的生长（左瑞华，2013）。

1.3 屋顶绿化的概念与现状

1.3.1 屋顶绿化的概念

屋顶绿化是指植物栽植于建筑物屋顶上的一种简单绿化形式。广义上可以理解为在各类古今建筑物、构筑物、城围、桥梁、立交桥等的屋顶、露台、天台、阳台或者是大型的人工假山山体上进行造园，种植树木花卉的统称（冷宇等，2008；任义等，2011）。屋顶绿化是利用城市有限的空间进行绿化，从而达到增加城市绿化覆盖量，改善城市生态环境，并为人们创造优美的环境景观和活动空间的目的。与陆地造园和植物种植的最大区别在于屋顶绿化把植物种植于人工的建筑物或者构筑物之上，种植土壤不与大地土壤相连（冼丽铧等，2013）。

日益严重的生态环境问题成为阻碍城市发展的主要原因之一，如何有效利用有限的城市空间，提高绿化面积、减少污染便成为城市环境研究的热点问题。园林绿化发展与用地的矛盾是当前城市园林绿化发展的重点问题，而绿化覆盖率和人均绿地指标在城市中心地区严重不足（张红兵和周小芳，2011）。如今，屋顶绿化是解决这一问题的最佳方案之一，它将屋顶的空间利用起来，有效地增加了城市的绿地面积，对改善城市的生态环境有着积极的作用（胡希军等，2005）。屋顶绿化的特点是绿化向城市立体空间发展，节约城市土地资源，增加城市绿化面积。在寸土寸金的地带开展屋顶绿化比重新开辟绿地更节约能源，降低投资成本。屋顶绿化给空空如也的屋顶增添生机，丰富城市的生态景观，此外，植物能吸收屋顶大量的太阳光，降低局部环境的温度，削弱热岛效应的负面影响，延长屋顶的使用寿命。城市屋顶绿化对于截留雨水、控制地表径流和减轻城市内涝都有积极作用，同时它也是海绵城市建设的重要组成部分。海绵城市是指城市能够像海绵一样，在适应环境变化和应对雨水带来的自然灾害等方面具有良好的弹性，也可称之为"水弹性城市"（肖丹，2017）。城市的屋顶绿化不仅可以缓解城市绿化用地不足的矛盾，而且它还具有调节该地区城市气候、净化空气和降低城市温度等功能。联合国环境署研究发现倘若城市达到70%以上的屋顶绿化率，空气中的二氧化碳含量将下降约80%。屋顶绿化作为城市特有的绿化形式，对改善城市生态环境问题具有重要的作用，屋顶绿化也是提高城市绿化覆盖率最有效可行的方法之一。

与地面绿化相比，屋顶绿化不仅扩大了绿化的立体空间、柔化了建筑物生硬的线条，而且丰富了建筑物的色彩，还可以为人们提供休憩、观光、纳凉、娱乐的场所，增加城市居民的活动空间，增进城市的整体景观美，提高市民的生活质量，取得生态、经济和社会的综合效益（陈辉等，2007）。

1.3.2　屋顶绿化的发展现状

屋顶绿化最早起源于西方的美索不达米亚地区（其遗址位于伊拉克境内），人们用植被装饰庙宇，从而形成了屋顶绿化的雏形（蒙小英等，2006），故伊拉克也被称作是屋顶绿化的发源地（马月萍和董光勇，2011）。之后伊拉克的屋顶花园有了较大发展，其中具有代表性的有巴比伦空中花园（宝秋利等，2010）。植物栽培土层是"石板+柳条垫+砖块"的结构，可防止土层渗水，花园中利用引上屋顶的河水建造了屋顶溪流和人工瀑布，浇灌植物的同时也增强了景观效果（王军利，

2005)。欧洲屋顶绿化起源于冰岛和挪威,由于冰岛当地气候寒冷及木材资源匮乏,人们便在由石头堆砌而成的低矮建筑的坡屋顶上建植了大量草皮,用于保暖防寒,这就是简单式屋顶绿化。

近代以来,世界各国城市发展迅速,城市建筑快速建设,人口密度不断增加,人均绿地面积不断减少,使得城市逐渐成为混凝土森林。此时,屋顶绿化应运而生,近年来,西方国家对屋顶绿化的研究已经较为成熟(叶瑞兴,2007)。现代屋顶绿化技术从以德国为代表的欧洲国家向全球传播,其在各国的传播多由公共政策推动(谭一凡,2015;张艺尧和刘雨,2018)。尽管各国的具体政策有所不同,但基本上都采取了先鼓励后强制的推动方式。在率先开展屋顶绿化建设的德国,这一技术的发展经历了由平屋顶的密集型屋顶绿化到以老房屋改造重修的拓展型屋顶绿化为主的过程(Küesters,2004)。而稍后发展屋顶绿化的国家,大多借鉴德国技术并进行了自主创新,鼓励多建筑类型的发展,但基本都经历了由新建建筑屋顶到既有建筑屋顶、由公共建筑屋顶到其他各类建筑屋顶的演变渐进过程(魏艳和赵慧恩,2007)。

1. 欧洲屋顶绿化发展概况

德国是相对比较早开展屋顶绿化研究的国家。17世纪开始,人们就在自己的屋顶上建造了一些具有装饰性的花坛,同时德国还是最早发展屋顶绿化技术和颁布政策的国家之一。早在20世纪60年代,德国就已经开始大力推广屋顶绿化的相关技术。比较有代表性的屋顶绿化有德国法兰克福机场的屋顶绿化,该机场至今已建成超过20个屋顶绿化项目,面积达5 hm^{2}以上。屋顶绿化不仅有助于减弱机场的噪声污染,改善机场生态环境,而且也使绿化屋顶的寿命增加了近一倍。21世纪初期,德国屋顶绿化面积已经接近1亿 m^2,2007年屋顶绿化率已经高达80%左右(Küesters,2004;魏艳和赵慧恩,2007)。早期,德国曾把屋顶绿化作为补偿建筑环境的一种方式,并进行了尝试建设,建筑师对建筑的形状和结构进行了创新,如阶梯式和金字塔式的居民楼,并在房顶种植植物(汪海鸥,2007)。随后又制定了一系列屋顶绿化的法规、行业准则和技术规范等,再加上政府强制性的政策和补贴,使得屋顶绿化各方面都得到了深入的发展。

瑞典的马尔默市有着世界上第一个屋顶植物园——奥古斯特堡屋顶植物园(蒙小英等,2006)。这个植物园由六幢一层的建筑屋顶组合而成,于2001年建成并对外开放,种植的植物都是一些抗干旱能力强、生命力顽强,且不需要严格养护与灌溉的景天属植物。

2. 北美国家屋顶绿化发展概况

美国早在20世纪60年代就已建造了一些屋顶绿化项目,比较有名的如奥克兰市（Oakland）于 1969 年建成的奥克兰博物馆屋顶花园。当时设计师对 6 层高的商业中心屋顶进行了设计，其做法是首先在屋顶上做防渗水处理，并覆盖薄层土壤，再配置一些灌木和草本，花园面积达到了 1.2 hm²，这在当时美国绿化行业中具有开创意义（罗乘鹏，2007）。20 世纪 90 年代，美国开始侧重研究屋顶绿化的生态效益，并取得了众多成果。近年来，美国屋顶绿化高速发展，其中具有代表性的有纽约布鲁克林屋顶农场（Brooklyn Grange），其屋顶上种植了大量作物和观赏花卉，占地面积超过 6000 m²。

目前美国采用非强制性的直接财政鼓励结合其他政策手段把屋顶绿化这一项目纳入由美国绿色建筑会颁布的能源和环境设计标准中，即美国绿色建筑评估体系（leadership in energy and environmental design，LEED）。美国政府出台的多种法律法规和奖励政策也促使了屋顶绿化的加速发展（赵晓英等，2008）。LEED 的首要目标是在设计建筑时有效地减少对环境和居民的负面影响。屋顶绿化与LEED 的认证分值挂钩，通过分值来获得美国政府的相关建造补贴或基金，现LEED 已经被美国的 48 个州及国际上 7 个国家采用来评估屋顶绿化，部分城市也制定了具有该城市特色的推广措施。

3. 亚洲部分国家的屋顶绿化发展概况

日本人口密集，城市土地资源匮乏，人们十分重视对城市空间的利用。日本屋顶绿化始于 20 世纪六七十年代，设计师首次对百货公司和学校大楼的屋顶进行了改造，将日式园林搬上了屋顶。随后，日本对屋顶绿化栽培基质进行了较深入的研究，形成了以不同土壤类型和不同土层厚度为主的屋顶绿化模式（赵玉婷等，2004）。20 世纪末，日本城市生态环境问题的矛盾日益突出，政府为了改善城市生态环境，对许多大城市的屋顶进行了绿化。21 世纪初，东京出台了屋顶绿化条例，对屋顶绿化率等指标提出了规定（查翔，2006）。资料显示，截至 2008 年，日本国内屋顶绿化面积超过了 240 hm²，其中具有代表性的屋顶绿化，如东京帝国饭店屋顶花园，由于主楼屋顶荷载的限制，该楼使用了三种景天植物用于建制草坪，并设计成各类图案，有效地提高了空中景观效果（孙健等，2012）。

日本政府为了更好地落实屋顶绿化这一政策，规定了一系列需要建筑物的修建者来履行的明确义务，若不履行义务则会受到严厉的惩罚。同时，日本政府为了让修建者能够大力采用屋顶绿化建设，给予采用了屋顶绿化建设的修建者一定的奖励及补贴。再者，东京政府还规定了占地面积超过 1000 m² 新建建筑的屋顶绿化面积必须达到 20% 以上，否则该建筑管理人员将会受到相关罚款，罚款最高可达 20 万日元。

新加坡以"花园城市"闻名于亚洲，它将城市环境建设与生态环境建设作为国家发展的重要项目。政府通过鼓励政策和激励措施使建筑修建者积极发展屋顶绿化建设，因此，如今的新加坡也由"城中花园"转变成了"园中城市"。现代垂直花园的创举——滨海湾花园是世界公认的最适宜人们居住的地方（王军利，2005）。

4. 中国屋顶绿化发展概况

500 多年前，明朝建造的天下第一关——山海关的长城上面就种有一排排的松柏树（徐峰等，2008）。20 世纪 60 年代我国曾开展了屋顶菜园建设，部分较大城市的一些国有建筑屋顶被种植了一些蔬菜等园艺作物（郭晓园和唐岱，2011）。随后，我国屋顶绿化进入了尝试探索阶段，具有代表性的有于 1961 年建成的广州东方宾馆，其屋顶花园面积达 900 m^2，这也是当时第一个在建筑规划设计时就把屋顶花园包含在内的建筑项目。20 世纪末，具有代表性的是北京长城饭店西楼的屋顶花园（吴艳艳等，2008）。在当时，广州东方宾馆和北京长城饭店这两个屋顶绿化项目规模较大，资金投入较多，虽然较难以全面推广，但是其为屋顶绿化的发展积累了一定的经验。

2000 年以来，随着国内经济建设突飞猛进地发展，人类居住环境和生活质量的评价越来越受到重视，国内许多城市致力于屋顶绿化的研究和推广。目前我国一、二线城市屋顶绿化发展较快，许多住宅、办公楼、酒店进行了屋顶绿化。北京屋顶绿化面积更是超过了 130 hm^2，其中具有代表性的有首都国际机场停车楼的屋顶绿化，其不仅具有较高的生态效益，更是作为窗口形象起到了重要的景观作用（钟石，2013）。随着屋顶绿化的发展，其重要性逐渐突出，成都、重庆、上海、西安、深圳、杭州、长沙、天津等城市的有关部门相继发布了一系列有关屋顶绿化的法律法规，鼓励发展屋顶绿化，同时，许多城市制定了本地区的屋顶绿化技术规范，为屋顶绿化建设提供技术保障。近年来，国内屋顶绿化出现了迅速发展的态势。

21 世纪初，我国屋顶绿化建设以相关政策鼓励为主、强制为辅（谭一凡，2015）。我国地域广阔，不同地区的年降水量、温湿度等气候条件差异极大，屋面绿化形式和采用的植物材料也因此各不相同。相比德国低成本、低维护、适用于多种屋顶类型的拓展型屋顶绿化（Küesters，2004），我国尚处于起步阶段，无论是从理念、认识程度、推广措施还是技术施工等方面都有待于进一步发展。

1.4 屋顶绿化的类型

屋顶绿化类型根据屋顶功能和植被的主要特征进行分类，其影响因素以土壤厚度、植被类型和承载能力等为主。在实际设计过程中，可根据业主或者项目的具体要求进行改变，形成可满足多种社会需求的屋顶绿化的各种类型。

1.4.1　根据使用要求分类

目前欧美国家（如德国、美国和匈牙利等）根据屋顶绿化使用要求的不同及建造的精细程度不一，将屋顶绿化分为粗放式、半精细式及精细式屋顶绿化（陈云，2016）。

1. 粗放式屋顶绿化

粗放式屋顶绿化形式简单、养护方便，不需要过多的灌溉，自然降水足以满足植物生长的基本需要（黄水良，2007）。其种植以景天类植物为主，大多选择成活率高、生长速度缓慢、耐修剪、不用经常性维护的植物为建植材料，主要功能是绿化。这对于对绿化植物使用要求不高的人而言，无疑是最好的选择。

粗放式屋顶绿化能够有效地降低城市绿化成本，其后期投入不高，属于环保经济型，同时能够有效地缓解城市用地紧张的问题，高效率把城市的每一寸土地利用起来，在寸土寸金的城市中创造出绿化的新天地。再者，粗放式屋顶绿化对城市热岛效应有缓解作用，使得屋面的辐射热量减少，同时，在蒸腾作用和水分的蒸发作用下，屋顶吸收热量变少，很好地削弱了热岛效应。研究表明，粗放式屋顶绿化可以通过吸收空气中的有毒气体、浮尘及颗粒物，达到净化空气、改善空气质量的目的（中国城市科学研究会，2009）。

2. 半精细式屋顶绿化

半精细式屋顶绿化处于粗放式和精细式两种屋顶绿化类型的中间。该类型以种植耐旱性较好的植物为主，常见的有乔木、灌木及藤蔓类植物。需要人工适时修剪养护，雨水不能满足日常基本生长需求而应偶尔进行灌溉。此类型对于绿化植物有一定抗旱要求，但使用者不可放任不管。

3. 精细式屋顶绿化

精细式屋顶绿化主要由植物与凉亭、水榭楼台等人工园林建筑组合而成。精细式屋顶绿化注重效益，主要发挥它的观赏、游玩功能，在设计上应考虑它的公共性，植物配置应以观赏性能为主，需要专门的养护管理，如定时、定期精细养护，经常灌溉并及时施肥、防虫（赵寅钧和霍扬，2007）。

1.4.2　根据屋顶绿化形式分类

国内根据屋顶绿化的植被高度、载重负荷和绿化形式的不同，将屋顶绿化分为草坪式、组合式及花园式屋顶绿化三种。

1. 草坪式屋顶绿化

草坪式屋顶绿化是这三种屋顶绿化形式中最简单的一种，因此也称为"简单型屋顶绿化"。这种屋顶绿化形式铺设的土壤基质比较薄，种植的植物是一些低矮的草本植物或者是地被类草坪植物，容易养护并且不需要刻意的浇灌，这类植物一般都具有高抗旱性和高耐寒性，生存能力及适应性能力也很强。该种绿化形式一般选择种植景天科植物或者草坪草等，这类植物除了在炎热的夏天需要浇灌外，其他季节只需要靠自然降水就可以很好地生长，并且种植的植物高度一般在 20 cm 以下，载重负荷低于 200 kg/m²。草坪式屋顶绿化的质量比较轻并且管理成本低，建设资金低，因此它能够应用于绝大部分的建筑屋顶，但是，由于种植的植物种类单一，高度和颜色的选择较少，美化效果一般。

2. 组合式屋顶绿化

组合式屋顶绿化铺设的土壤基质较厚，一般在 40～100 cm，建植的物种以种植大面积的地被植物为主，同时也会种植一定数量的低矮灌木，这些植物的整体高度一般在 12～25 cm，载重负荷在 120～250 kg/m²。这种屋顶绿化形式需要定期养护，要对种植的植物进行定期的浇灌和修剪，同时要适当施肥及防虫。在组合式屋顶绿化的设计中，设计者往往会在植物之间建造一些供人行走的小径，方便人们穿行游玩。

3. 花园式屋顶绿化

花园式屋顶绿化通常是指"屋顶花园"，屋顶花园铺设的土壤基质非常厚，是这三种屋顶绿化中最厚的一种，厚度一般要求在 100 cm 以上，载重负荷在 150～300 kg/m²。因此花园式屋顶绿化对土壤基质厚度及建筑物的屋顶承重要求都非常严格，除此之外，日常的维护和管理也相当费时费力，需要定时进行浇灌、施肥及防除杂草等，因此管理成本较高。该绿化形式一般种植地被植物、乔木和灌木等种类的植物来分层造景，配合人造设施创造出地面公园般的景象效果，也可以种植一些瓜果蔬菜供人食用。

综合这三种屋顶绿化形式的建筑结构、屋顶载重负荷能力、绿化建造成本及日常养护成本等因素，草坪式屋顶绿化的屋顶载重负荷最低、建造成本也较低、日常养护简单方便，基本上适用于各种建筑屋顶，因此可以大面积地推广草坪式屋顶绿化，同时，在条件允许的建筑屋顶上，可以适当地建造组合式屋顶绿化和花园式屋顶绿化。这样可以更好地改善城市屋顶的环境样貌，达到美化屋顶的效果，并给市民带来绿色享受。

1.4.3 根据植被高度分类

根据屋顶绿化所选用的植物种类高度,可以把屋顶绿化分为草地式和群落式屋顶绿化。

1. 草地式屋顶绿化

草地式屋顶绿化以种植低矮草本植物为主,目的是在屋顶表面形成一层薄薄的防护膜,在保护屋顶的同时也起到绿化的作用。

2. 群落式屋顶绿化

群落式屋顶绿化是以乔木、灌木、藤木和草本植物等两种或多种植物类型进行组合建造而成的绿化形式,最终形成层次丰富,种类多样的屋顶植物群落。

1.4.4 根据植被养护管理方式分类

根据屋顶绿化植被养护管理方式的不同,可以分为密集型屋顶绿化、半密集型屋顶绿化及开敞型屋顶绿化三种(廉毅等,2019)。这种分类形式在国内较少使用,但在德国一般作为屋顶绿化的分类标准。

1. 密集型屋顶绿化

密集型屋顶绿化大多数是以屋顶花园的形式建造而成的,其种植的植物较为复杂且景观繁多,包括草本、乔木、灌木甚至水景。因其对建筑屋顶的载重负荷要求和造价都非常高,所以该绿化形式大多数用于地下停车场的屋面或者是载重负荷能力足够高的高建筑物屋顶。这种屋顶绿化养护管理烦琐,且需要定期对植物进行维护。

2. 半密集型屋顶绿化

半密集型屋顶绿化是在屋顶种植各种低矮灌木和地被植物的同时,还建造了供人们游玩路线的绿化形式,并且尽可能减轻建造材料的重量使它满足大多数建筑屋顶的载重负荷要求。在植物选择上虽然没有密集型屋顶丰富,但是人工养护管理的成本相对低一些。这种屋顶绿化建造形式被很好地运用到现代社会城市绿化之中。

3. 开敞型屋顶绿化

开敞型屋顶绿化又称粗放式屋顶绿化,是最简单的一种屋顶绿化方式,有时也被称为"简单屋顶绿化"。植物配置上,常选择一些管理粗放、根部所需空间小、抗性强的植物，如景天科草本植物。开敞型屋顶绿化具有低养护、免灌溉的特点，对于人工养护管理要求较低，较容易实现和应用。

1.4.5 根据屋顶结构形式进行分类

按照屋顶的建筑结构及其屋顶建造形式进行分类，可以分为坡屋顶绿化、平屋顶绿化和阶梯式屋顶绿化。

1. 坡屋顶绿化

坡屋顶绿化的建筑屋面有人字形坡屋面和单斜屋面两种，这种建筑屋面可以种植各种类型草本植物或者是一些攀缘类的藤本植物，屋顶的绿化形式通常都是比较简单的。

2. 平屋顶绿化

平屋顶绿化的建筑屋顶是最适合屋顶绿化的，在现代建筑中较为普遍并且相对于其他两类屋顶绿化有更大的设计空间，可以在屋顶上进行各种类型的植物布局设计。

3. 阶梯式屋顶绿化

阶梯式屋顶绿化是指将建筑物建造成阶梯状，让屋面能够充分采光且在一定程度上增添了空间的层次感。在每一层屋面的阶梯上种植植被形成的新景观，使得建筑与绿化相映成趣而富有设计感。

1.4.6 根据建筑物高度进行分类

根据建造屋顶绿化的建筑物的高度及《民用建筑设计通则》的相关规定，一般情况下，按照建筑物高度可以分为：低层屋顶绿化（1~3 层），多层屋顶绿化（4~6 层），中高层屋顶绿化（7~9 层），高层屋顶绿化（10 层及以上）。

1.4.7 根据建筑物类型分类

根据建造屋顶绿化的建筑物类型可以分为办公建筑型屋顶绿化、体育建筑型屋顶绿化、旅游建筑型屋顶绿化、工业建筑型屋顶绿化、居住建筑型屋顶绿化及其他建筑屋顶绿化。

在新时代城市建设中，屋顶绿化已经逐渐走进人们的视野，并引起越来越多人的重视。屋顶绿化对改善城市生态环境、保护城市生物多样性、提高城市生活环境舒适度、拓展城市空间等都具有积极作用。免维护的屋顶绿化草坪技术，为我国热带亚热带地区城市楼顶大面积绿化提供了技术支撑。

1.5　屋顶绿化的植物选择与设计原则

1.5.1　屋顶绿化的植物选择

屋顶环境光照强烈、环境干燥、土层薄，加之日温差大、风速高，植物缺乏持续生长的水分及养料，其特殊的环境条件要求屋顶绿化植物要具有抗辐射、耐旱、抗风的特性。早在 20 世纪 80 年代，一些欧美国家就开始了对屋顶绿化植物的研究。在近 30 年的时间里，世界各国投入了大量的技术和资金，用于开发、筛选适合本国生长和推广的屋顶绿化植物。该领域的研究包括屋顶绿化植物抗旱性及耐瘠薄能力、屋顶植物生态功能、屋顶植物推广应用、屋顶植被养护管理及其他相关技术和材料应用。

1. 国外屋顶绿化植物的选择

德国对屋顶绿化植物的研究起步较早，屋顶地被植物的适应性研究已较为成熟，筛选了适合粗放管理的常用植物种类，包括蓍属（*Achillea*）、葱属（*Allium*）、蝶须属（*Antennaria*）、露子花属（*Delosperma*）、山柳菊属（*Hieracium*）、景天属（*Sedum*）及其他属在内的 32 个种类。英国屋顶绿化中大量使用景天属和虎耳草属（*Saxifraga*），其中景天属植物在建成后不需要浇水（Grant，2006）。土耳其研究了多肉植物（succulent plant）的抗旱性，在景天属、大戟属（*Euphorbia*）、长生草属（*Sempervivum*）等属中选出 20 多种适宜在屋顶绿化中使用的植物。美国对屋顶草本植物进行的筛选结果，包括膜萼花属（*Petrorhagia*）、石竹属（*Dianthus*）、风铃草属（*Campanula*）、葱属、委陵菜属（*Potentilla*）、夏枯草属（*Prunella*）、堇菜属（*Viola*）、蓍属等。众多科学家研究了美国西北部屋顶绿化的地被植物，结果表明多肉植物即使不用灌溉也可良好生长。Durhman 等（2007）测定了美国中西部地区 25 种常见景天属植物在屋顶不同厚度基质中的生长情况，结果表明，47%的植物可在 7.5 cm 基质中正常生长，并推荐了 10 种优良的景天属植物。一些研究者调查了加拿大安大略省（Ontario）11 个屋顶使用频率较高的 59 种绿化植物，并对植物生长状况进行了评价，研究发现许多植物在夏季和冬季生长状况不良，且普遍存在植物使用不当的问题，并提出了选择适宜屋顶栽植的植物建设低碳生态绿色屋顶的建议，生长状况较好的植物有 *Hymenoxy sacaulis*、*Viola pedata*、*Solidago speciosa* 等。

日本通过对屋顶绿化植物研究，筛选了包括景天属、苔藓类植物等在内的 50 多种植物，并在粗放式屋顶绿化上进行了大面积推广（殷丽峰和李树华，2005）。从上述研究中可以看出，国外屋顶绿化以研究地被植物为主，在生态适应性的指标选择上集中在抗旱、耐寒、耐热、耐瘠薄方面。

2. 国内屋顶绿化植物的选择

目前我国屋顶绿化植物在抗寒性、抗旱性、耐热性、耐淹性等适应性方面的研究已取得了较多成果。郭运青等（2008）采用自然干旱法对海口 8 种屋顶绿化植物进行了抗旱性的水分胁迫试验研究，测定了植物相对含水量与丙二酸含量。结果表明，佛甲草（*Sedum lineare*）、垂盆草（*Sedum sarmentosum*）适应性较好，可在海口地区屋顶绿化中推广使用。罗丹等（2009）对 5 种屋顶绿化植物的抗旱性进行了研究，结果表明，叶片相对含水量与植物抗旱性呈显著正相关性。徐静平等（2010）研究了 8 种屋顶木本植物的耐热性，测定了叶片相对电导率，并计算了植物半致死温度。布凤琴等（2011）建立了耐旱性植物形态评价标准体系，并将水淹后受损叶片分为 5 个等级，对 7 种景天属植物进行了耐淹性试验，结果表明，通过胁迫处理景天属植物叶绿素含量变化较小，说明其具有较强的耐淹性。涂爱萍（2011）对 4 种景天属屋顶绿化植物的耐阴性进行了研究，结果表明，植物耐阴性和其叶绿素含量呈显著正相关，而与叶绿素 a/b 值呈显著负相关性。上述研究从植物生理生化的角度，研究了屋顶绿化植物的耐旱性、耐热性、耐淹性和耐阴性，并筛选出了部分适合当地情况的植物。

屋顶的特殊小气候决定了屋顶绿化植物必须具有较强的抗逆性。夏季屋顶环境炎热、干燥，因而植物应具有较强的耐热性和耐旱性。高温胁迫下景天属植物主要通过提高超氧化物歧化酶（SOD）活性与脯氨酸含量来减轻伤害，同一品种对不同高温胁迫强度的耐受程度与生理响应不同，佛甲草、德景天、八宝景天和垂盆草较适合用作无人养护屋顶的绿化植物。由于特殊的环境条件，屋顶绿化植物只能依赖于人工灌溉或自然降水，冬季无遮挡抵御寒风，所以，植物必须具有较强的抗寒、耐旱特性。研究表明，景天类植物抗旱、耐瘠薄能力极强。在干旱胁迫条件下植株形态、叶片相对含水量、细胞膜透性、丙二醛含量、超氧化物歧化酶活性及可溶性糖等指标都会发生变化，汤聪等（2014）结合隶属函数法综合评价了景天科和鸭跖草科植物的抗旱性强弱。为选择适合西北地区屋顶绿化的植物，研究人员通过水分胁迫与低温胁迫试验，比较了 4 种菊科矮灌木及 3 种冷季型草坪。涂爱萍等（2011）对用于屋顶绿化的景天属植物的耐热性进行了测定，为进一步筛选出更多适合屋顶绿化的景天属植物品种提供了理论依据。满足当地屋顶绿化特殊环境要求的乡土植物或引种驯化成功并进行了抗旱、耐高温、高湿、抗寒等适应性试验研究的植物已成为屋顶绿化首选。

国内屋顶绿化现状研究和植物景观方面研究也有了一定进展。姚军等（2010）调查了武汉 61 种屋顶绿化植物的生长状况，通过 3 分法记录了植物的抗旱性、抗寒性、抗病虫害指标，并做出综合评价。李凌云等（2011）对杭州 5 个城区的不同建筑类型，共计 32 个屋顶绿化项目进行了调查，提出了存在的问题及建议，并探讨了屋顶绿化类型分类和屋顶植物景观配置模式。李艳（2011）对西安公共屋顶绿化现状提出了屋顶绿化数量少、屋顶绿化绿量小、景观要素单一、植物种类较少、管理养护不到位的问题及其对策。刘维东和陈其兵（2012）调查了成都 169 种屋顶绿化植物的生长情况，评分方法使用 5 分制法，并提出了成都屋顶绿化中存在的问题。郑雨茗（2012）对北京和上海的 27 个屋顶花园项目进行了实地调查，研究了屋顶花园群落景观中植物应用情况和植物景观空间的作用。从以上研究中可以发现，各地学者相继研究了当地屋顶绿化现状和屋顶绿化景观，并且取得了一定成果，对当地发展屋顶绿化具有一定指导意义，同时其他地区也可适当借鉴，但由于缺少比较系统的数理统计和数据分析过程，结论具有一定局限性。

植物选择上应以乡土树种为主，以增大存活率，降低运输费用，满足低碳城市的设计理念（骆天庆等，2019）。寒冷气候下的植物景观营造是北方地区一直以来都面临的难题，研究北方城市屋顶绿化景观将会进一步拓展北方景观营造的空间。

1.5.2　屋顶绿化的设计原则

以人为本：低维护设计的服务对象是人，所以"以人为本"原则是设计的基础。"以人为本"指的是在屋顶绿化设计中，将人作为设计的中心，根据人的行为习惯、心理欲求、价值取向等因素，使设计满足功能需求并符合心理欲求，使人们获得更好的生活体验。屋顶园林的载体是建筑物顶部，因此，必须考虑建筑物本身和人员的安全，包括结构承重、屋顶防水构造及屋顶四周防护栏杆的安全等。由于屋顶与大地隔开，生态环境发生了变化，要满足植物生长对光、热、水、气、养分等的需要，必须采用新技术，运用新材料（钱鹏，2006）。

经济适用：合理、经济地利用城市空间环境，始终是城市规划者、建设者、管理者追求的目标。屋顶绿化除满足不同的使用要求外，应以绿色植物为主，创造出多种环境气氛，以精品园林小景新颖多变的布局，达到生态效益、环境效益和经济效益的结合（关之晨，2019）。低维护低造价是低维护简易型屋顶绿化的特点，经济实用、便于管理是其目的，为达到这个目标，在植物配置上，要充分考虑植物的习性与适应性，选择耐旱能力强、存活率高的植物，多挑选较矮小的灌木和草本植物，利于栽种、管理和运输，从而可以降低造价与维护的成本。

精致美观：低维护简易型屋顶绿化在设计思维上应该充分考虑当地文化、当地环境及作为载体的建筑本体的风格，关注空间与布局构成，注重植物的形式、颜色，建造材料的质感与肌理，营造出独具特色的景观（张宝鑫，2004）。选用花木要与比拟、寓意联系在一起，同时路径、主景、建筑小品等位置和尺度，都应仔细推敲，既要与主体建筑物及周围大环境协调一致，又要有独特新颖的园林风格（蒙小英等，2006）。不仅在设计上，而且在施工管理和选用材料上也应处处精心。此外，还应在草地、路口及高低错落地段安放各种园林专用灯具，起照明作用的同时亦可作为一种饰品增添美观度和情调。

统一规划：规划要有系统性，克服随意性。运用园林"美学"统一规划，以植物造景为主，尽量丰富绿色植物的种类，同时在植物的选择与配置上不单纯为观赏，更要模拟自然。选择的园林植物应具有强抗逆性、抗污性和吸污性，并且易栽易活易管护。同时以复层配置为模式，提高叶面积指数，保证较高的环境效益。

1.6 屋顶绿化效益

1.6.1 改善城市的生态环境

绿地具有减缓雨水流失的功能，一般来说，未绿化的屋顶约有 80% 的雨水流入下水道，绿化后的屋顶一般只有 30% 的雨水流入下水道（邓雄等，2010）。上海在生态效益调查研究后发现了屋顶绿化的一系列优点：如果一个城市把屋顶面积全部利用起来进行绿化，城市上空的二氧化碳将减少 80% 左右；盛夏时节，屋顶绿地能大量减少房顶建筑材料的热辐射和城市的热岛效应，令该建筑顶楼空间平均温度下降 2℃，另外，植物的茎叶对雨水有截留作用，而种植基质的吸水功能又可以把大量降水贮存起来，由此可知，屋顶绿化有助于城市有效蓄积与利用雨水，减轻城市排水系统压力（徐峰等，2008）。

屋顶绿化可以改善城市生态环境，优化城市居民的居住空间，对城市的光污染、噪声污染及重金属污染具有减轻作用。相较于未建造有屋顶绿化的建筑物，建造有屋顶绿化的建筑物明显减少了光污染和噪声污染。除此之外，屋顶绿化植物对 Cu、Zn 等重金属具有富集作用，使它们滞留在屋顶，使雨水净化后再进入地表径流。再者，绿色植物可以吸收空气中的污染物、二氧化碳等，净化空气，提高空气质量；滞留可吸入颗粒物，增加空气中的氧气和负氧离子水平。屋顶绿化种植的植物可以过滤掉空气中的灰尘、有害气体及烟雾颗粒，对生态自净能力具有提升作用，对于缓解城市雾霾具有积极作用，如果城市中的屋顶全部得到绿化，则这个城市中的二氧化碳较没有绿化前要降低 70% 以上。

根据统计显示，北京每年屋顶绿化植物吸收的二氧化硫约为 3.1 g/m³，滞尘量约为 150 g/m²。同时研究表明，绿化后的层面较未绿化的层面，可降低噪声 2～

3 dB。而且，屋顶绿化对城市热岛效应具有明显的削弱作用。种植植被的屋顶对阳光的反射率远远大于裸露的屋顶，而且绿色植物的遮挡作用可以使屋顶辐射热量远小于裸露的屋顶。除此之外，植物自身的蒸腾作用相对于裸露屋顶来说也会消耗不少的热量，因此屋顶绿化对降低城市的热岛效应具有重要作用。

1.6.2　截留雨水降低城市的排水压力

屋顶绿化种植的植物根基对雨水具有明显的吸收及截留效果。全球气候变暖的趋势使得降水量和降水次数不断增加。屋面雨水的收集利用作为城市雨水收集的重要组成部分一直都是研究者关心的问题。屋面雨水是指自然降水经过屋顶植物的过滤净化后产生的水质较好的水，屋面雨水一般稍作处理即可回收利用，而屋面雨水的收集利用可以缓解水资源紧缺的问题。裸露的屋顶对降水没有任何截留作用，从而导致大部分雨水直接从地面流走，很少能够渗入到地下。研究显示，屋顶绿化植物对雨水的截留作用可以使排水强度降低 70%，从而缓解了城市排水系统的压力（黄水良，2007）。

唐莉华等研究表明，城市雨水 30%来源于屋顶，而屋顶绿化具有很好的滞蓄能力和削减洪峰的效果，并且可通过其滞蓄功能将大量的雨水拦截下来。裸露的屋面对降雨径流的平均削减率仅为 9.25%，而建造了屋顶绿化的屋面则可达到54%～58%。

1.6.3　保护生物多样性

城市的发展与扩大在一定程度上对原有生态系统造成了破坏。在城市建筑的屋顶建造屋顶绿化可以有效减缓对原有生态系统的破坏，而且可以在提高城市绿化覆盖率的同时，也为植物提供相对独立的生长环境，保护植物的多样性。配置良好的屋顶绿化还可以为城市中的动物提供一个栖息地。屋顶绿化的建造能够为城市生态多样性的保护提供切实途径，从长远来看，城市屋顶绿化面积在不断地增加，它能够为提高城市生物多样性保护提供更多的可能性，设计建造得当的绿化屋顶同样能够发挥和地面绿化一样的生态功能。

1.6.4　城市屋顶绿化的经济效益

1. 延长建筑屋顶使用期限

一般建筑屋顶的寿命在15～20 年，随着使用时间的积累屋顶会出现漏水、风化等一系列问题，而建造屋顶绿化的建筑可以很好地避免阳光对屋顶的直射，减轻温差导致屋面收缩而造成的结构损伤和建筑老化，使屋顶寿命延长到原来的两倍，同时还可以减少维修管理屋顶费用的支出。

2. 实现建筑节能

屋顶绿化可明显降低建筑物周围环境温度3～4℃，建筑物内部空调的使用率可降低6%（钱鹏，2006），绿化的屋顶外表与未绿化的屋顶外表最高温度差可达10℃以上。因此，绿化后的屋顶成为冬暖夏凉的"绿色空调"，大面积屋顶绿化的推广有利于缓解城市的能源危机。在夏季，植物利用自身的蒸腾作用来吸收热量，减少了太阳对屋面的直接辐射使顶层温度降低，进而减少了空调的使用，更好地实现节能效果，减缓热岛效应。随着室外温度的不断增高，屋顶绿化的节电效果更加明显，这对城市夏季用电量大具有很大程度的缓解作用。广州对屋顶绿化产生效益的测定结果显示，屋顶绿化可以节省空调20%～40%的耗电量，每年可节约高达数千万元（柯宣东，2004）。

在冬季，屋顶种植的植物使屋顶昼夜温差变小，保护屋顶的同时也减少了空调制热的费用。有研究表明，种植植物的屋面，一天中最大温差仅为4.8℃，而裸露的屋面最大温差可高达10.2℃（殷丽峰和李树华，2006）。

3. 提高建筑工程的质量和附加值

屋顶绿化不但可以对建筑进行绿化美化从而提高建筑的美感，还可以提高楼盘的品位。同时通过对屋顶空间面积的再利用，如建造屋顶菜棚、空中花园餐厅等都可以增加建筑物自身的附加值，增加经济效益。

1.6.5 城市屋顶绿化的社会效益

对城市屋顶绿化的社会效益特别需要指出的是，城市屋顶绿化在保护城市环境上所起的作用是不可或缺的。同时，城市屋顶脏、乱、差的现象将有所改观，美观程度得到提升，空气污染将得到控制，城市空气质量将得到改善，对城市"两个文明"建设将带来不可估量的作用（徐峰，2008）。

1. 提高城市环境舒适程度

城市建筑密度的不断提高，使得城市被混凝土包围，而屋顶绿化的建造能够使城市建筑绿色化，使得密集得让人压抑的建筑上处处充满生机，绿意盎然。从心理角度上讲，绿色植物在一定程度上能够使人心情愉悦，屋顶绿化可作为代替物，代替城市中的混凝土面，美化城市环境并且能够通过屋顶绿化的设计打造城市地标（关之晨，2019）。

2. 屋顶绿化可以拓展城市的绿化空间

屋顶绿化能够缓解城市用地紧张问题，提高土地利用率，拓展城市绿化空间。同时屋顶绿化也丰富了城市居民的生活方式，在紧张的学习、工作和生活中，屋顶绿化能够提供城市居民与自然近距离接触的机会，并以其丰富的造景类型为城市居民提供了更多的绿色活动空间。

3. 提高公众的环保意识

屋顶绿化的建设不仅能够使人与自然的联系更为密切，让人们亲近自然、敬畏自然，而且还具有很强的科教意义。屋顶绿化还会引来昆虫和鸟类栖息，鸟语花香，促进人与自然和谐共生，有利于提高公众的环保意识。

1.7　屋顶绿化前景与存在的问题

1.7.1　屋顶绿化市场前景分析

屋顶绿化是提高城市绿地率最有效的方式，有利于保护生态、调节气候、净化空气、提高遮阴率、降低室温和缓解城市热岛效应，并且节水节能、环保效益巨大。据估计，一座城市的屋顶面积总和约为城市面积的 20%～25%，虽然每幢楼房的屋顶面积十分有限，但成千上万座高楼大厦的屋顶面积加起来，就是一个十分可观的数字，屋顶绿化在大多数城市有着潜在的巨大市场和广阔的发展前景（胡晋燕，2005）。实践充分证明，屋顶绿化是节约土地、开拓城市空间、"包装"建筑物和都市的有效方法，是建筑与绿化艺术的合璧，是人类与大自然的有机结合。

当今，国外的屋顶绿化迅速普及。美国、澳大利亚、日本、荷兰、意大利等一些国家的屋顶绿化项目十分走俏（Osmundson，1999）。它代表了一个大的发展趋势，屋顶绿化将是 21 世纪绿化美化城市的主要手段，拥有巨大的市场潜力，并将会出现一个屋顶绿化建设的高潮（李志刚等，2005）。

由于诸多原因，屋顶绿化在我国很多地方仍是一片空白。但屋顶绿化市场利润丰厚、商机无限。随着屋顶绿化建设的发展，将为项目设计、施工、器材、苗木、灌溉和防渗等市场的发展提供一个良好的发展机遇，并将产生巨大的经济效益。

1.7.2　屋顶绿化存在的主要问题

人类居住面积的扩大和经济发展，导致环境逐步恶化，为了维持可持续发展、促进社会发展全面绿色转型，推广屋顶绿化已经迫在眉睫。但对多数城市来说，屋顶绿化至今仍是一片有待开垦的处女地（王旭辉，2005）。然而，目前我国屋顶绿化在实际操作中，由于缺乏技术引导与政策的支持，也没有统一的规范可循，出现了一些无序和不规范的行为。现今，要让这项事业迅速发展起来，当务之急是必须抓紧落实法制、资金、人才等方面的相关政策，努力消解开展城市屋顶绿化面临的瓶颈问题。目前，在屋顶绿化技术上还存在以下几个方面的阻力与问题（葛红艳，2010）。

1. 对屋顶绿化认识程度低，缺少广泛认同和社会参与

对于屋顶绿化的发展前景，政府、业主、施工企业普遍抱以乐观的态度，但就目前情况而言，无论政府如何积极倡导，无利可图的现状都使业主和施工单位望而却步。城市屋顶绿化是一项造福全体市民的生态工程，理应得到广泛的社会认同和参与（胡大治，2019）。但长期以来，居民对屋顶绿化不了解，对屋顶绿化的认同度偏低，对屋顶绿化的效益预期、是否安全可靠、技术是否过关等，普遍认识不足，有些业主甚至认为屋顶绿化会招致麻烦，往往对屋顶绿化抱有较大的抵触情绪。

以矛盾比较突出的住宅项目为例，当前我国绝大多数开发商对所建房屋的屋顶采取的管理方式是封闭管理，因为该管理方式可以减少管理成本。如果进行屋顶绿化，势必增加建造的成本，更为可怕的是后期的维护成本，包括植被的维护，水、电等资源的消耗，以及维护工人的费用。对于顶层的业主而言，屋顶绿化固然可以起到保温隔热的作用，但与此同时，顶层的业主也会担心因屋顶绿化而造成雨水渗漏和昆虫烦扰的问题，再者，他们亦担心万一养护或者施工不当，防渗漏夹板层就有可能遭到损坏。因此，无论在前期施工还是在后期维护等方面，都会对顶层业主产生一定的影响。

2. 在屋顶绿化方面的科学性试验做得较少，植物种类应用单调

屋顶绿化所用的植物大都是从城市绿化普通树种中选择的根系较浅、对管理要求相对较低的植物，一般以灌木为主，地被植物较少，植物景观丰富度不高（张艺尧等，2018）。对于选用的生长基质，各基质间用什么比例，基质与植物材料之间有什么关系；选用什么样的植物，不仅要考虑耐旱、抗风等因素，而且需要一定厚度的生长基质；南方和北方在进行屋顶绿化时有哪些异同等，只有真正用科学试验来回答，而不是浮躁地盲目臆断，才能有利于屋顶绿化的推广和发展。现今的许多混乱都是由科学试验不到位造成的，因而，屋顶绿化只有通过系列的科学试验得出十分可靠的应用结论，才能对屋顶绿化进行科学的指导，才能制订出科学的行业规范，才能将混乱降到最低，进而保证屋顶绿化健康快速地发展。

3. 屋顶绿化规划比较滞后，施工规范不到位，绿化资金渠道单一

国际上关于屋顶绿化的一贯做法是，进一步前移屋顶绿化设计，在建筑设计时同步考虑屋顶绿化设计，这不仅增加了工作的主动性，更增大了屋顶绿化与周边环境的融合度（Castleton et al., 2010）。大面积的屋顶绿化通过精心规划设计，不但可以确保房屋结构的安全和抗震能力，给水、排水、卫生、防雷等诸多因素也可综合考虑，而且可以设计出丰富多彩的园林景观（杨雪，2008）。但是，我国的屋顶绿化规划相对滞后，既缺乏城市的整体规划，也没有对可供绿化的屋顶存量进行全面摸底；在个体的建筑设计中也未事先考虑屋顶绿化设计的因素，没有进行设计结构和承载能力核算，易产生屋顶绿化与建筑构造"两张皮"、技术难度大、安全有隐患、长效管理不落实等问题，屋顶绿化建设的质量也难以得到充分的保障（杨雪等，2014）。

无论是开展屋顶绿化的老房改造，还是后期的绿化管护，城市屋顶绿化需要充足的资金保障。目前，我国城市屋顶绿化的资金渠道还较单一，基本是以政府投入为主，而相对屋顶绿化的广阔市场来说，这点资金无异于杯水车薪。同时，由于相关规划的滞后，政府投入也因之无据可依。再者，由于缺乏相应的政策激励，社会对屋顶绿化的市场前景认识不足，因此，社会资本投入的积极性也未能充分激发起来。

4. 屋顶绿化专业人员缺乏、绿化植物维护成本高

屋顶绿化专业人员未能得到有效落实，在人才队伍建设方面，大部分城市并未建立专门的屋顶绿化实施机构，日常监管人员得不到落实（邓雄等，2010）。此外，我国的农林院校还未建立专门的屋顶绿化院（系）和专业，人才培养有"断层"，实际从事屋顶绿化的人员大多为"非专业出身"，专业水准也因此大打折扣（张扬，2018）。更重要的是，我国的屋顶绿化专业人才资质认定体制也未建立起来，关于屋顶绿化的一系列的专项研究工作比较滞后。

植物维护成本较高是当前影响屋顶绿化大面积推广的一个重要因素。城市中心屋顶种植环境恶劣，所选的植物大都需要有特殊的维护才能满足正常生长，昂贵的维护成本，限制了屋顶绿化的大面积推广。此外企业水平良莠不齐、工程质量普遍不高、市场无序竞争。因此，加大施工队伍的建设和施工等技术培训，建设一支能够提供合理设计、施工科学的绿化队伍是屋顶绿化的前提，只有技术过硬，才能使屋顶绿化在较长时间正常发挥作用，并使屋顶绿化得以快速普及和健康发展。

5. 屋顶绿化政策扶持不足，法规支撑苍白

世界上的一些屋顶绿化发展较早的国家，早就建立了一系列有利于这项事业良性发展的政策扶持机制（Jim and He，2010）。如德国从20世纪80年代起就制定了对屋顶绿化业主进行税收减免的政策，还通过建筑法、自然保护法、环境影响评估法、土地利用法等联邦法直接影响屋顶绿化政策的实施；日本东京规定，凡是新建建筑物占地面积超过1000 m^2，屋顶必有20%被绿色植物覆盖，否则要被罚款（He and Jim，2010）。近年来，中国的一些城市，如北京、深圳等，尽管陆续出台了一些有关推进屋顶绿化工作的文件、办法和措施，但总体上刚性不够强，政策落实力度明显不足，尤其是与绩效考核、奖励等政府的主要政策资源相对隔离（贾宁等，2008）。因此，屋顶绿化在中国始终难以快速开展起来，一直处于可搞可不搞、半搞半不搞，搞好与搞坏、搞多与搞少无区别的自发随意状态。市场混乱无序，建筑单位、施工方及与业主的职责边界模糊，缺乏法律界定，影响了多方面的积极性，制约了屋顶绿化的发展进程（北京市市政管理委员会，2004）。

屋顶花园产权不明朗。目前，我国的屋顶花园大多为私有或单位专用，居住区的屋顶花园则无法在住房保障和房产管理局办理产权证。屋顶与花园的所有权分离，为其推广与发展设下障碍。相关法律法规不健全，行业管理不明确。截至目前，我国没有推出一部专门针对屋顶绿化的法律、法规，因此导致屋顶绿化市场混乱（王学斌，2007）。因缺少规划和审批程序，"屋顶花园"成为"违法楼上楼"的代名词。由于没有相应的政策性文件指导，园林主管部门没有强制业主或单位实施屋顶绿化的权利（薛凯华，2014）。

此外，在远离地面的屋顶进行绿化是一项比较复杂的"技术活"，对屋顶绿化的规划设计、植物选择、工程施工及后期养护等都有较高的要求。但在我国目前的屋顶绿化实践中，还缺少行业技术规范和标准，技术上缺少权威的理论参数，因此屋顶绿化行业尚存在施工单位盲目操作、工程技术不统一、施工标准不固定、施工企业技术水平良莠不齐等现象。

1.7.3 屋顶绿化加速发展的路径

1. 鼓励屋顶绿化技术研究和科技创新，加快科技成果转化

屋顶绿化涉及的技术因素多，而且屋顶绿化在我国还刚刚起步，技术还不是很成熟。对于建筑荷载、防渗漏、物种配置、基质选用、生长基质与植物材料之间的关系、南方和北方在进行屋顶绿化时有哪些异同等，只有真正用科学试验回答了这些问题，才能制定出科学的屋顶绿化行业规范，才能对屋顶绿化进行科学

的指导，进而保证屋顶绿化健康快速地发展（王军利，2005）。

针对不同城市的地方气候特点和发展状况，可确立早期试点、分类实施、逐步推广的城市屋顶绿化发展模式（谭天鹰，2006）。试点对象的确定要兼顾差异性和层次性，既要包括北京、上海等已先行一步的大城市，也要兼及中小城市；既要包括杭州、深圳等沿海发达城市，也要顾及相对落后城市，初步建成大、中、小城市及发达、欠发达城市共同发展的格局，通过几年试点力争取得城市屋顶绿化工作的实质性进展（郑检根，2009）。

2. 城市屋顶的全面摸底，抓紧编制规划，强化统一指导

进行城市屋顶的全面摸底，对本区域内当前及未来可实施绿化的建筑屋顶进行一次全面摸底，从地段、楼层、面积、责任主体及建筑性质、材质等方面建立起准确翔实的数据库。然后分区域落实给相关责任部门，明确屋顶绿化的工程要求和年度目标，并将各部门屋顶绿化实施情况纳入政府绩效考核指标体系，建立切实可行的奖惩激励机制，实现从"鼓励绿化"到"强制绿化"的转变，有计划、有重点、有层次地推进屋顶绿化工作（北京市园林绿化局，2008）。

政府应该在屋顶绿化政策上给予支持和指导，并对部分资金短缺的地方进行补助，从而使屋顶绿化在任何一个地方，任何一项屋面上都有可能施行。除北京、上海、深圳、成都等少数城市对屋顶绿化有较为明确的行政要求和激励政策外，不少地方的屋顶绿化工作基本处于自发状态，在发展方向、工程标准及技术实施等方面都须规范。甚至还有一些城市对屋顶绿化工作仍处于"集体无意识"状态，至今尚未全面启动（柯宣东，2004）。《上海市建筑节能项目专项扶持办法》中明确指出：建立屋顶绿化长远规划是必要的；同时出台刚性的法规制度，为去除职责交叉、责任不落实等体制性障碍提供支撑；立足本地实际，制定切实可行的屋顶绿化地方规划及相应的技术标准和规范，如《屋顶绿化技术规程》《屋顶绿化技术导则》等，促进行业的健康发展。

3. 加强屋顶绿化技术人才梯队培训，建设一支专业屋顶绿化队伍

首先，屋顶绿化是一项牵涉多个部门、涵盖多个学科的复杂的系统工程。从园艺设计到花木选择、土层配置到后期管理等，都需要专业的技术人才。加大施工队伍的建设，培训一支设计合理、施工科学的绿化队伍是屋顶绿化的前提。只有技术过硬，才能使屋顶绿化较长时间正常发挥作用，才能使屋顶绿化得以快速普及和健康发展（李君和林晨，2018）。

其次，屋顶绿化也需要善管理、会经营的管理人才。因此，要立足屋顶绿化的长期发展，必须抓紧建立屋顶绿化的专业技术人才队伍、屋顶绿化专业规划师队伍、擅长建筑艺术与园林艺术的复合型人才队伍和管理人才队伍。通过人才梯队建设，为屋顶绿化的可持续发展奠定坚实的基础。

4. 加大宣传力度，吸引社会各方参与

形式多样、富有成效的宣传是加快城市屋顶绿化建设的重要途径之一。首先，加大宣传力度，利用政府、媒体、社区等多方面的力量赢得广泛支持。其次，要借助媒体、广告、公益活动及社区橱窗、墙报等形式开展屋顶绿化的宣传，努力延伸宣传半径，扩大知识普及受众面，加大屋顶绿化在净化环境、确保健康、提高品位等方面的综合作用的宣传，提高全社会对屋顶绿化的认知度，调动各方面参与屋顶绿化的积极性，使广大群众更自觉地参与到这项工作中来，为屋顶绿化创造一个更加顺畅的人文环境。

据统计，具有屋顶绿化的商品房均价可上浮 $50\sim150$ 元/m^2，可借此调动房地产开发商的积极性。对于机关、学校、医院等单位及商务社区要重点推介花园式屋顶绿化，突出屋顶花园的休闲、美化环境作用；要结合部分典型，举办各类立体绿化现场观摩咨询会，组织人们游览楼顶花园，体验立体绿化，增强人们的切实感受；鼓励和支持屋顶绿化协会等有关社会组织积极开展宣传动员、业务培训、技术服务等工作。壮大城市屋顶绿化的参与队伍，为全面推广城市屋顶绿化创造良好的社会氛围，赢得更广泛的社会认同和支持（李科峰，2010）。

人口数量的不断增加和城市化进程的加速导致城市生态环境面临着诸多的问题，本章介绍了城市环境的主要特点和屋顶绿化技术的进展，屋顶绿化技术的应用在增加城市绿地面积，改善因过度砍伐树木、各种废气污染而形成的城市热岛效应，减少沙尘暴等对人类的危害，开拓人类绿化空间，建造田园城市，改善人民的居住条件，以及美化城市环境，改善生态环境等方面都有着极其重要的意义。

参 考 文 献

宝秋利, 史娜, 张剑峰. 2010. 屋顶花园研究进展. 安徽农学通报(上半月刊), 16(5): 129-131+161.

北京市市政管理委员会. 2004. 北京市城市环境建设规划. http://news.sohu.com/20041122/n223117250.shtml[2004-11-22].

北京市园林绿化局. 2008. 北京市园林绿化局、首都绿化委员会办公室关于 2008 年屋顶绿化工作的意见[2008-02-19].

布凤琴, 张闽, 燕坤蛟. 2011. 济南轻型屋顶绿化七种景天类植物的适应性研究. 山东建筑大学学报, 26(6): 551-555.

曹京杭. 2000. 城市绿化覆盖率与大气环境的关系探讨. 环境监测管理与技术, (S1): 52-62.

陈辉, 任珺, 杜忠. 2007. 屋顶绿化的功能及国内外发展状况. 环境科学与管理, (2): 162-165.

陈云. 2016. 园林绿化植物观赏草分类研究进展. 中国园艺文摘, 32(10): 65-67+156.

邓雄, 彭晓春, 覃超梅. 2010. 屋顶绿化的功能、特点及其在我国的现状和存在的问题. 中山大

学学报(自然科学版), 49(S1): 99-101.

葛红艳. 2010. 城市屋顶绿化中若干问题探讨. 中国科技博览, (15): 142.

关之晨. 2019. 西安市屋顶绿化实践及景观评价研究. 杨凌: 西北农林科技大学硕士学位论文.

郭晓园, 唐岱. 2011. 我国屋顶花园的发展现状与趋势. 山东林业科技, 41(6): 118-121.

郭运青, 唐树梅, 张宇慧, 等. 2008. 几种屋顶绿化植物的抗旱性研究. 热带农业科学, (3): 29-31.

杭烨. 2017. 新自然主义生态种植设计理念下的草本植物景观的发展与应用. 风景园林, (5): 16-21.

胡大治. 2019-12-31. 屋顶绿化是城市生态环境的重要组成部分. 常德日报, 4.

查翔. 2006. 城市景观之——屋顶绿化. 中外建筑, (2): 55-57.

胡晋焘. 2005. 屋顶绿化浅析. 山西林业科技, (3): 37-38.

胡希军, 阳柏苏, 马永俊. 2005. 城市生态规划与城市生态建设浅议. 怀化学院学报, 24(2): 79-82.

黄水良. 2007. 屋顶绿化——城市第五立面与雨水利用. 浙江建筑, (S1): 29-31.

贾宁, 田明华, 赵蔓卓, 等. 2008. 北京市屋顶绿化的发展与对策. 中国城市林业, (3): 27-29.

柯宣东. 2004. 广州屋顶绿化状况. 中国花卉园艺, (18): 7.

孔繁花, 尹海伟, 刘金勇, 等. 2013. 城市绿地降温效应研究进展与展望. 自然资源学报, 28(1): 171-181.

Küesters P. 2004. 中德两国屋顶绿化对比. 技术与市场: 园林工程, (12): 10-11.

冷平生. 2015. 园林生态学. 北京: 中国农业出版社: 281-295.

冷宇, 张卫国, 严秀珍, 等. 2008. 屋顶绿化植物研究综述. 黑龙江农业科学, (2): 145-147.

李君, 林晨. 2018. 城市屋顶绿化探讨与展望. 城市道桥与防洪, (12): 201-205+226.

李科峰. 2010. 关于我国城市屋顶绿化问题的现状分析与对策研究. 北京建筑工程学院学报, 26(4): 44-48.

李凌云, 包志毅, 赖齐贤, 等. 2011. 杭州市屋顶绿化现状调查研究. 北方园艺, (9): 116-120.

李双成, 赵志强, 王仰麟. 2009. 中国城市化过程及其资源与生态环境效应机制. 地理科学进展, 28(1): 63-67.

李天健. 2014. 城市病评价指标体系构建与应用——以北京市为例. 城市规划, 38(8): 41-47.

李艳. 2011. 西安市公共建筑屋顶绿化景观设计研究. 西安: 长安大学硕士学位论文.

李志刚, 何深静, 刘玉亭. 2005. 国外城市规划. 海外简讯, (2): 83-86.

联合国经济和社会事务部人口司. 2018. 2018 年版世界城镇化展望.

廉毅, 孙楠, 韩可骞. 2019. 城市高层建筑背景下的屋顶绿化应用研究. 艺术科技, 32(7): 222.

刘维东, 陈其兵. 2012. 成都市屋顶绿化植物评价及其应用. 北方园艺, (15): 109-112.

陆铭, 李杰伟, 韩立彬. 2019. 治理城市病: 如何实现增长、宜居与和谐? 经济社会体制比较, (1): 22-29+115.

罗乘鹏. 2007. 屋顶绿化——绿色建筑设计发展的新亮点. 科技创新导报, (20): 113-114.

罗丹, 陈红跃, 刘乾. 2009. 5 种屋顶绿化植物抗旱性研究. 广东林业科技, 25(6): 81-85.

骆天庆, 苏怡柠, 陈思羽. 2019. 高度城市化地区既有建筑屋顶绿化建设潜力评析——以上海中心城区为例. 风景园林, 26(1): 82-85.

马月萍, 董光勇. 2011. 屋顶绿化设计与建造. 北京: 机械工业出版社: 10-18.

蒙小英, 韦盛, 周文君. 2006. 奥古斯特堡屋顶植物园及其建设理念. 中国园林, (4): 81-89.

钱鹏. 2006. 建筑屋面节能技术. 住宅科技, (10): 31-35.

任义, 关坤, 段晔. 2011. 谈屋顶绿化及其植物配置. 北京园林, 27(1): 51-55.

孙健, 李亚齐, 胡春, 等. 2012. 日本屋顶绿化建设对我国的启示. 广东农业科学, 39(11): 65-68.

谭天鹰. 2006. 浅谈屋顶绿化在首都建设生态城市办绿色奥运中的重要作用. 国土绿化, (3): 24-25.

谭一凡. 2015. 国内外屋顶绿化公共政策研究. 中国园林, 31(11): 5-8.

汤聪, 刘念, 郭微, 等. 2014. 广州地区 8 种草坪式屋顶绿化植物的抗旱性. 草业科学, 31(10): 1867-1876.

唐莉华, 倪广恒, 刘茂峰, 等. 2011. 绿化屋顶的产流规律及雨水滞蓄效果模拟研究. 水文, 31(4): 18-22.

涂爱萍. 2011. 屋顶绿化景天属植物的适应性研究. 湖北农业科学, 50(4): 717-719+727.

汪海鸥. 2007. 屋顶开放空间设计研究. 大连: 大连理工大学硕士学位论文.

王军利. 2005. 屋顶绿化的简史、现状与发展对策. 中国农学通报, (12): 304-306.

王旭辉. 2005-07-13. 屋顶绿化: 商机背后的尴尬. 市场报, 3.

王学斌. 2007. 浅议城市屋顶绿化的法律问题. 消费导刊, (3): 105.

魏艳, 赵慧恩. 2007. 我国屋顶绿化建设的发展研究——以德国、北京为例对比分析. 林业科学, (4): 95-101.

吴艳艳, 庄雪影, 雷江丽, 等. 2008. 深圳市重型与轻型屋顶绿化降温增湿效应研究. 福建林业科技, 35(4): 124-129.

冼丽铧, 鲍海泳, 陈红跃, 等. 2013. 屋顶绿化研究进展. 世界林业研究, 26(2): 36-42.

肖丹. 2017. 科技承载梦想, 创新改变未来——海绵城市. http://www.cas.cn/kx/kpwz/201703/t20170303_4592127.shtml[2017-03-02].

徐峰, 封雷, 郭子一. 2008. 屋顶花园设计与施工. 北京: 化学工业出版社.

徐静平, 徐振华, 杜克久. 2010. 8 种屋顶绿化木本植物的耐热性比较. 中国农学通报, 27(6): 1-5.

薛凯华. 2014. 国内外屋顶绿化推广政策探析. 现代园艺, (18): 118-119.

杨雪, 吴煜, 郑玉贤. 2014. 屋顶绿化研究进展. 绿色科技, (10): 118-120.

杨雪. 2008. 昆明屋顶绿化研究. 西南林业, (6): 17.

姚军, 潘利, 丁昭全. 2010. 武汉市屋顶绿化植物筛选试验研究. 中国建筑防水, (23): 28-29.

叶瑞兴. 2007. 浅谈城市屋顶绿化的植物配置与设计. 福建林业科技, (1): 220-223+234.

殷丽峰, 李树华. 2005. 日本屋顶花园技术. 中国园林, (5): 62-66.

殷丽峰, 李树华. 2006. 北京地区绿化屋面对屋顶温度变化影响的研究. 中国园林, (4): 73-76.

詹姆斯·希契莫夫, 刘波, 杭烨. 2013. 城市绿色基础设施中大规模草本植物群落种植设计与管理的生态途径. 中国园林, 29(3): 16-26.

张宝鑫. 2004. 城市立体绿化. 北京: 中国林业出版社: 67.

张红兵, 周小芳. 2011. 浅谈屋面水渗漏的问题. 河南建材, (6): 109-110.

张景哲, 刘启明. 1988. 北京城市气温与下垫面结构关系的时相变化. 地理学报, (2): 159-168.

张扬. 2018. 杭州市屋顶绿化调研与对策研究. 杭州: 浙江农林大学硕士学位论文.

张艺尧, 刘雨. 2018. 屋顶绿化研究进展. 现代园艺, (23): 93-94.

赵娜娜, 孔强. 2009. 谈国内现代屋顶绿化设计. 现代农业科技, (23): 250-251+253.

赵晓英, 胡希军, 马永俊, 等. 2008. 屋顶绿化的优点及国外政策借鉴. 北方园艺, (2): 109-112.

赵寅钧, 霍扬. 2007. 提高城市建设水平的若干思考. 理论界, (8): 237-238.

赵玉婷, 胡永红, 张启翔. 2004. 屋顶绿化植物选择研究进展. 山东林业科技, (2): 27-29.

郑检根. 2009. 推进屋顶绿化所面临的问题及对策初探. 中国新技术新产品, (5): 141.

郑雨茗. 2012. 屋顶花园植物景观调查研究——以北京、上海地区为例. 北京: 北京林业大学硕士学位论文.

中国城市科学研究会. 2009. 中国低碳生态城市发展战略. 北京: 中国城市出版社.

钟石. 2013-07-11. 绿色, 一点点在屋顶上蔓延——北京多年推进屋顶绿化成果初现. 中国建设报, 3.

左瑞华. 2013. 屋顶花园设计要点. 园林, (2): 25-27.

Castleton H F, Stovin V, Beck S B M, et al. 2010. Green roofs: building energy savings and the potential for retrofit. Energy and Buildings, 42(10): 1582-1591.

Durhman A K, Rowe D B, Rugh C L. 2007. Effect of substrate depth on initial growth, coverage, and survival of 25 succulent green roof plant taxa. Hortscience, 42(3): 588-595.

Grant G. 2006. Extensive green roofs in London. Urban Habitats, 4(1): 51-65.

He H, Jim C Y. 2010. Simulation of thermodynamic transmission in green roof ecosystem. Ecological Modelling, 221(24): 2949-2958.

IPCC, Allen M, Babiker M, et al. 2018. Summary for Policymakers. *In*: Global Warming of 1.5℃. An IPCC Special Report.

Jim C Y, He H. 2010. Coupling heat flux dynamics with meteorological conditions in the green roof ecosystem. Ecological Engineering, 36(8): 1052-1063.

Lambin E F, Turner B L, Geist H J, et al. 2001. The causes of land-use and land-cover change: moving beyond the myths. Global Environmental Change, 11(4): 261-269.

Oreskes N. 2004. The scientific consensus on climate change. Science, 306(5702): 1686.

Osmundson T. 1999. Roof garden: history, design, and construction. New York: W. W. Norton & Company: 45-115.

Patz J A, Campbell-Lendrum D, Holloway T, et al. 2005. Impact of regional climate change on human health. Nature, 438(7066): 310-317.

第2章　屋顶及草坪杂草调查与分析

2.1　屋顶杂草种类与分析

2.1.1　屋顶杂草调研背景与目的

当今城市建设中，以立体绿化来增加城市绿化面积的不足，对建筑进行垂直绿化和屋顶绿化已经是建筑与园林发展的必然结果（张宝鑫，2003）。屋顶绿化作为城市特有的绿化形式，对改善城市生态环境问题具有重要的作用，屋顶绿化也是提高城市绿化覆盖率最有效可行的方法之一。与地面绿化相比，屋顶绿化不仅扩大了绿化的立体空间，柔化了建筑物生硬的线条，而且丰富了建筑物的色彩，增加了城市居民的活动空间，增进了城市的整体景观美。

屋顶作为一个特殊的生长环境，人们对屋顶原生植物资源又缺乏了解，极少做到因地取材。从植物学的观点来看，要全面描述一种杂草的生态学特点是比较困难的，但是任意两种杂草种间比较时，就可以比较容易掌握它们生态学特点的差异，从而把握不同杂草对生态条件要求的差异（潘兰影，2008；谭永钦等，2004）。目前，对于屋顶上自然生长的草本植物类型及其生长状况的研究尚鲜见文献报道，因此本次调研的目的就是了解广东省湛江市市区屋顶杂草的类型及分布和生长状况，拟为屋顶绿化提供一定的屋顶原生植物资源。

2.1.2　不同楼龄的屋顶杂草类型与分析

湛江市市区位于雷州半岛东北部，地处北回归线以南的低纬地区，其地理坐标 110°10′～110°39′E、20°51′～21°12′N，冬无严寒、夏无酷暑。年平均气温23℃，≥10℃年积温8309～8519℃，年平均降水量1395.5～1723.1 mm，年平均日照时数1714.8～2038.2 h，属于热带北缘季风气候，终年受海洋气候调节。

调查的屋顶包括岭南师范学院校区内及湛江的居民房，1～10年楼龄的屋顶、11～20年楼龄的屋顶、21～30年楼龄的屋顶。调查这三个不同时间段的楼房屋顶，基本可以涵盖杂草于不同时间段在楼房屋顶的生长情况。

由于屋顶的杂草数量少、盖度低，2012年本研究团队在其生长旺盛的7月对楼顶杂草全部采样调查，即详细记录屋顶所有杂草的类型、数量和高度，分别统计各种杂草所占的总面积，并将杂草分类、编号，然后分别装入保鲜袋，带回实验室称重，鉴定类型并记录其科名、属名、种名和生长特征，同时进行杂草频度和多度计算。

1. 各楼龄的屋顶杂草类型与生长状况

1）1～10 年楼龄的屋顶杂草类型与生长状况

1～10 年楼龄的屋顶杂草类型与生长状况见表 2-1，调查结果表明，该楼龄段屋顶杂草类型有 16 科 41 种，屋顶杂草生物量最大的种为沿阶草（*Ophiopogon bodinieri*），占总生物量的 68.76%，其次为金丝草（*Pogonatherum crinitum*），占 9.10%，白花鬼针草（*Bidens pilosa*）占 6.85%，碎米莎草（*Cyperus iria*）占 4.04%，白茅（*Imperata cylindrica*）占 3.72%，铺地锦竹草（*Callisia repens*）占 0.99%。

表 2-1　1～10 年楼龄屋顶杂草类型与生长状况

植物中文名	多度/（株/丛）	平均高度/cm	频度/%	生物量/（g/100m²）
小叶冷水花	5144	7.80	36.36	6.86
野甘草	149	14.10	54.55	0.58
金丝草	368	19.50	54.55	31.28
耳草	150	10.50	54.55	0.12
一点红	81	14.65	63.64	0.63
凤尾蕨	466	10.05	72.73	1.55
白茅	205	164.00	27.27	12.78
菰	5	40.00	9.09	0.32
铁角蕨	6	18.00	9.09	0.01
假臭草	36	36.50	45.45	0.66
白花鬼针草	257	35.40	54.55	23.56
钻叶紫菀	11	43.50	45.45	0.16
狗牙根	3	35.00	9.09	0.08
牛筋草	75	12.00	27.27	1.63
沿阶草	2246	25.40	36.36	236.38
升马唐	144	13.75	36.36	0.55
雾水葛	45	15.00	9.09	1.05
狼尾草	30	103.00	9.09	0.49
飞扬草	77	14.00	9.09	0.72
天门冬	7	24.00	18.18	0.01
羽芒菊	19	32.00	9.09	0.27
大花马齿苋	41	2.16	9.09	0.27
飞机草	6	20.00	18.18	0.02

续表

植物中文名	多度/(株/丛)	平均高度/cm	频度/%	生物量/(g/100m²)
碎米莎草	168	29.00	54.55	13.88
华南毛蕨	5	13.00	9.09	0.02
何首乌	3	15.34	18.18	0.10
落地生根	19	47.40	9.09	3.32
马齿苋	4	8.00	18.18	0.03
土人参	4	48.60	9.09	0.28
肾蕨	12	11.83	9.09	0.02
飞蓬	2	20.00	9.09	0.04
苦苣菜	1	14.00	9.09	0.01
微甘菊	35	14.00	9.09	0.23
银胶菊	1	8.00	9.09	0.11
鳢肠	15	17.00	18.18	0.47
饭包草	55	10.00	27.27	1.28
叶下珠	6	19.00	9.09	0.04
笋石莒	15	8.00	9.09	0.09
少花龙葵	1	60.00	9.09	0.06
棒叶落地生根	53	10.20	9.09	0.42
铺地锦竹草	45	11.00	9.09	3.42

由表 2-1 可知，屋顶杂草中频度最高的种是凤尾蕨，高达 72.73%，其次是一点红，为 63.64%。反观生物量最大的沿阶草的频度并不是很高，仅有 36.36%，而生物量较少的野甘草（*Scoparia dulcis*）、耳草（*Hedyotis auricularia*）和碎米莎草的频度都达到了 54.55%。

2）11～20 年楼龄的屋顶杂草类型与生长状况

11～20 年楼龄的屋顶杂草生物量见图 2-1，结果表明，该楼龄屋顶杂草类型有 20 科 33 种，主要屋顶杂草生物量最高的种为白花鬼针草，占总生物量的 33.43%，其次为大花马齿苋（*Portulaca grandiflora*）占 29.52%，落地生根（*Bryophyllum pinnatum*）占 18.48%，狼尾草（*Pennisetum alopecuroides*）占 5.01%，铺地锦竹草（*Callisia repens*）占 2.62%，雾水葛（*Pouzolzia zeylanica*）占 1.68%。

11～20 年楼龄的屋顶杂草类型频度见图 2-2。由图可知，升马唐（*Digitaria ciliaris*）的频度最高，高达 83.33%，其次为耳草，也达到了 66.67%。反观生物量最高的白花鬼针草的频度只有 33.33%，而频度达到 50.00%的只有生物量较少的野甘草、一点红（*Emilia sonchifolia*）、小叶冷水花、地锦草（*Euphorbia humifusa*）和含羞草（*Mimosa pudica*）。

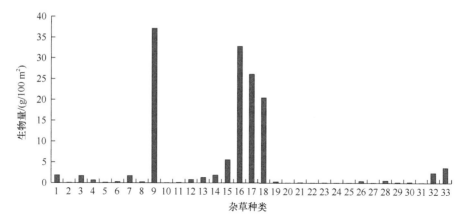

图 2-1　11～20 年楼龄的屋顶不同杂草干重生物量

1. 小叶冷水花；2. 野甘草；3. 金丝草；4. 耳草；5. 一点红；6. 凤尾蕨；7. 白茅；8.假臭草；9. 白花鬼针草；
10. 钻叶紫菀；11. 狗牙根；12. 牛筋草；13. 升马唐；14. 雾水葛；15. 狼尾草；16. 大花马齿苋；17. 碎米莎草；
18. 落地生根；19. 土人参；20. 飞蓬；21. 饭包草；22. 叶下珠；23. 水竹叶；24. 地锦草；25. 落葵；26. 海芋；
27. 益母草；28. 含羞草；29. 车前；30. 锦绣苋；31. 落花生；32. 牵牛；33. 铺地锦竹草

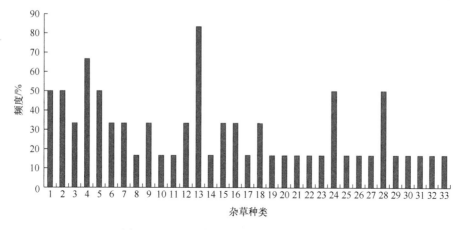

图 2-2　11～20 年楼龄屋顶不同杂草的频度

1. 小叶冷水花；2. 野甘草；3. 金丝草；4. 耳草；5. 一点红；6. 凤尾蕨；7. 白茅；8.假臭草；9. 白花鬼针草；
10. 钻叶紫菀；11. 狗牙根；12. 牛筋草；13. 升马唐；14. 雾水葛；15. 狼尾草；16. 大花马齿苋；17. 碎米莎草；
18. 落地生根；19. 土人参；20. 飞蓬；21. 饭包草；22. 叶下珠；23. 水竹叶；24. 地锦草；25. 落葵；26. 海芋；
27. 益母草；28. 含羞草；29. 车前；30. 锦绣苋；31. 落花生；32. 牵牛；33. 铺地锦竹草

3）21～30 年楼龄的屋顶杂草类型与生长状况

21～30 年楼龄主要屋顶杂草的生物量和频度见表 2-2。调查结果表明，在该楼龄段共发现屋顶杂草类型 13 科 29 种。主要屋顶杂草生物量最高的种为白花鬼针草，占总生物量的 41.11%，土人参（*Talinum paniculatum*）占 29.13%，小叶冷水花占 11.04%，铺地锦竹草占 6.71%，碎米莎草占 4.10%。

表 2-2　21～30 年楼龄屋顶杂草生物量和频度

植物中文名	多度/(株/丛)	平均高度/cm	频度/%	生物量/(g/100m²)
小叶冷水花	6503	7.80	57.14	8.67
野甘草	59	15.00	14.29	0.24
金丝草	5	21.00	14.29	0.43
耳草	401	7.30	42.86	0.47
一点红	6	14.65	14.29	0.05
凤尾蕨	5	28.00	14.29	0.04
白茅	4	15.00	14.29	0.25
铁角蕨	8	13.30	14.29	0.02
白花鬼针草	352	30.00	42.80	32.27
牛筋草	13	20.00	28.57	0.28
升马唐	80	16.00	40.26	0.38
雾水葛	1	9.00	14.29	0.02
狼尾草	4	45.00	14.29	0.45
飞扬草	1	46.00	14.29	0.01
太阳花	189	2.80	28.57	1.25
碎米莎草	37	18.00	41.92	3.22
落地生根	4	18.00	14.29	0.13
马齿苋	16	7.00	28.57	0.10
土人参	326	24.00	41.72	22.86
鳢肠	4	26.00	14.29	0.06
饭包草	3	14.00	14.29	0.07
叶下珠	18	12.00	28.57	0.13
海芋	3	29.00	28.57	1.32
莔草	14	23.50	14.29	0.12
地毯草	6	12.00	14.29	0.09
假地豆	3	24.00	14.29	0.12
糠稷	3	15.00	28.57	0.01
紫竹梅	8	6.00	14.29	0.14
铺地锦竹草	67	11.40	28.57	5.27

由表 2-2 可知，小叶冷水花的频度最高，且只有小叶冷水花的频度超过了50.00%，达到 57.14%，其余杂草的频度都在 50.00%以下。频度相对较高的有耳草（42.86%）、白花鬼针草（42.80%）、升马唐（40.26%）、碎米莎草（41.92%）、土人参（41.72%）。从三个不同时间段楼龄来看屋顶杂草生物量的多少与频度没有绝对的关联。当物种密度大时，株丛呈随机分布则频度较高；株丛呈群聚分布则频度不一定高（邱翔和王晋峰，2005）。

2. 各楼龄段杂草类型与生长状况的比较分析

从 1～10 年、11～20 年、21～30 年楼龄屋顶杂草的类型和生物量的比较来看，杂草种类数值的比值约为 1.4：1.1：1，1～10 年楼龄屋顶杂草的类型明显多于 11～20 年、21～30 年楼龄屋顶杂草的类型，见图 2-3。

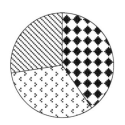

■ 1～10 年
□ 11～20 年
☒ 21～30 年

图 2-3   各楼龄段屋顶杂草类型的比例

由图 2-4 可见，1～10 年楼龄杂草的平均生物量最大，其次为 11～20 年楼龄，而 21～30 年楼龄杂草的平均生物量最小。其原因是：楼龄较长，使得一些杂草适应了该生存环境，从而成为优势种。另外，由于湛江市地处北回归线以南的低纬度，每年的 4～9 月为多雨季节，而屋顶又是一个露天的环境，在长年累月的雨水冲刷下，屋顶杂草的生存环境变得更加恶劣，同时，雨水也会把一些杂草的种子浸泡失活或者直接从屋顶冲走，所以楼龄越长的屋顶，杂草的类型越少。同时，楼龄越长，受到人类活动的影响就越大，因此屋顶杂草的生物量随楼龄增加而呈现逐渐减少的趋势。

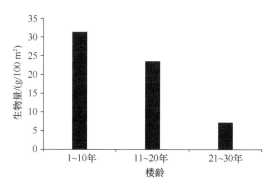

图 2-4   各楼龄段屋顶杂草的生物量

2.1.3   不同类型屋顶杂草类型与生长状况分析

岭南师范学院校区内的屋顶杂草共有 19 科 44 种，主要杂草类型为沿阶草、金丝草、铺地锦竹草，其中，野甘草、凤尾蕨和一点红频度较高。居民区内屋顶杂草共有 19 科 40 种，主要种有白花鬼针草、大花马齿苋和铺地锦竹草。通过对校区内教学区屋顶与居民房屋顶杂草类型及生长状况的比较分析（图 2-5）发现，校区屋顶杂草类型多于居民楼屋顶杂草类型，而居民房屋顶杂草生物量高于校区。造成这种情况的原因可能是教学区屋顶少有人活动，使得屋顶杂草有比较稳定的生存环境，从而使杂草相对生长良好，杂草类型比较丰富；而居民区屋顶，经常有居民在屋顶活动，如种菜，导致部分杂草被清除，从而使得居民区屋顶的杂草类型比较少。学校屋顶的生存环境比较差，生长基质少，导致杂草的植株较小，杂草的平均生物量较少，而在居民区内由于有居民种菜，会经常性施加一些肥料，肥沃土壤为那些没有被清除的杂草提供了较好的生存环境。因此居民区内屋顶杂草的生物量较大。图 2-5 为铺地锦竹草屋顶原生照片。

图 2-5　铺地锦竹草屋顶原生照片（刘金祥拍摄于湛江市赤坎区大兴，彩图请扫封底二维码）

2.1.4　结论

由本次调查可知，校区内屋顶杂草共有 26 科 56 种（表 2-3），其中类型较多的是禾本科、菊科、马齿苋科、大戟科、鸭跖草科等；出现频度较高的杂草有耳草、小叶冷水花、升马唐、一点红、碎米莎草和铺地锦竹草；生物量较高的有沿阶草、鬼针草、大花马齿苋、土人参、铺地锦竹草。其中，1～10 年楼龄段共发现屋顶杂草类型 16 科 41 种，主要为沿阶草、金丝草、铺地锦竹草等，频度较高的为凤尾蕨，而生物量较低但频度高的有野甘草、耳草和碎米莎草；11～20 年楼龄段共发现屋顶杂草类型 20 科 33 种，主要为白花鬼针草、大花马齿苋、铺地锦竹草等，频度较高的为升马唐，生物量较少而频度高的有野甘草、一点红、小叶冷水花、地锦草、含羞草；21～30 年楼龄段共发现屋顶杂草类型 13 科 29 种，主要杂草种为白花鬼针草、土人参、铺地锦竹草，频度较高的为小叶冷水花。从杂草类型上看，1～10 年楼龄屋顶的杂草类型最多，其次为 11～20 年的，21～30 年楼龄屋顶的杂草类型最少；但从杂草的生物量上看，11～20 年楼龄屋顶杂草生物量最高，而 1~10 年与 21~30 年楼龄屋顶杂草生物量相差不明显。校区内屋顶杂草共有 19 科 44 种，主要有沿阶草、金丝草、铺地锦竹草，频度高的有野甘草、凤尾蕨、一点红；居民区内屋顶杂草共 19 科 40 种，主要种有白花鬼针草、大花马齿苋、铺地锦竹草，其中频度较高的有升马唐和耳草。从杂草类型上来看，校区屋顶杂草类型多于居民楼屋顶杂草类型，而居民楼屋顶杂草生物量高于校区屋顶。

表 2-3　屋顶杂草类型及其生长特性

科名	植物中文名	拉丁名	生长特征	生长年限
荨麻科	小叶冷水花	*Pilea microphylla*	直立	多年生
荨麻科	雾水葛	*Pouzolzia zeylanica*	茎直立	多年生
禾本科	升马唐	*Digitaria ciliaris*	秆直立或下部倾斜	一年生
禾本科	狗牙根	*Cynodon dactylon*	下部匍匐地面蔓延	多年生
禾本科	狼尾草	*Pennisetum alopecuroides*	簇生	多年生
禾本科	牛筋草	*Eleusine indica*	簇生	一年生
禾本科	地毯草	*Axonopus compressus*	具匍匐枝	多年生
禾本科	金丝草	*Pogonatherum crinitum*	簇生	多年生
禾本科	白茅	*Imperata cylindrica*	直立	多年生
禾本科	菰	*Zizania latifolia*	具根状茎	多年生
禾本科	糠稷	*Panicum bisulcatum*	直立	一年生
禾本科	饭包草	*Commelina benghalensis*	根状茎和匍匐茎	多年生
禾本科	茵草	*Beckmannia syzigachne*	直立	一年生
茜草科	耳草	*Hedyotis auricularia*	直立	多年生
含羞草科	含羞草	*Mimosa pudica*	直立蔓生	多年生
景天科	落地生根	*Bryophyllum pinnatum*	直立	多年生
景天科	棒叶落地生根	*Kalanchoe delagoensis*	直立	多年生
酢浆草科	酢浆草	*Oxalis corniculata*	茎匍匐或斜立生长	多年生
玄参科	野甘草	*Scoparia dulcis*	直立	多年生
豆科	落花生	*Arachis hypogaea*	茎直立或匍匐	一年生
豆科	假地豆	*Desmodium heterocarpon*	直立	多年生
旋花科	牵牛	*Ipomoea nil*	蔓生	一年生
百合科	沿阶草	*Ophiopogon bodinieri*	簇生	多年生
百合科	天门冬	*Asparagus cochinchinensis*	直立	多年生
菊科	一点红	*Emilia sonchifolia*	直立	一年生
菊科	假臭草	*Praxelis clematidea*	直立	一年生
菊科	钻叶紫菀	*Symphyotrichum subulatum*	直立，叶互生	多年生
菊科	飞机草	*Chromolaena odorata*	直立	多年生
菊科	羽芒菊	*Tridax procumbens*	茎纤细，平卧	多年生
菊科	飞蓬	*Erigeron acris*	直立	二年生
菊科	微甘菊	*Mikania micrantha*	匍匐或攀缘	多年生
菊科	银胶菊	*Parthenium hysterophorus*	直立	一年生
菊科	鳢肠	*Eclipta prostrata*	茎直立，斜升或平卧	一年生

续表

科名	植物中文名	拉丁名	生长特征	生长年限
菊科	白花鬼针草	*Bidens pilosa*	直立	一年生
菊科	苦苣菜	*Sonchus oleraceus*	直立	一年生或二年生
凤尾蕨科	欧洲凤尾蕨	*Pteris cretica*	直立或斜升	多年生
大戟科	飞扬草	*Euphorbia hirta*	直立	一年生
大戟科	地锦草	*Euphorbia humifusa*	匍匐	一年生
大戟科	叶下珠	*Phyllanthus urinaria*	直立	一年生
金星蕨科	华南毛蕨	*Cyclosorus parasiticus*	茎横生	一年生
蓼科	何首乌	*Fallopia multiflora*	匍匐	多年生
马齿苋科	土人参	*Talinum paniculatum*	茎直立	一年生或多年生
马齿苋科	大花马齿苋	*Portulaca grandiflora*	茎平卧	一年生
马齿苋科	马齿苋	*Portulaca oleracea*	茎平卧	一年生
莎草科	碎米莎草	*Cyperus iria*	直立	多年生
茄科	少花龙葵	*Solanum americanum*	直立	多年生
肾蕨科	肾蕨	*Nephrolepis cordifolia*	直立	一年生或多年生
天南星科	海芋	*Alocasia odora*	直立	多年生
鸭跖草科	水竹叶	*Murdannia triquetra*	茎横生	一年生
鸭跖草科	紫竹梅	*Tradescantia pallida*	匍匐	多年生
鸭跖草科	铺地锦竹草	*Callisia repens*	匍匐	多年生
落葵科	落葵	*Basella alba*	缠绕	一年生
唇形科	益母草	*Leonurus japonicus*	直立	一年生
车前科	车前	*Plantago asiatica*	平卧	多年生
苋科	锦绣苋	*Alternanthera bettzickiana*	匍匐	多年生
灯芯草科	笄石菖	*Juncus prismatocarpus*	直立或平卧	多年生

上述研究发现，杂草的生长条件、楼房楼龄及人类活动等的差异，都会造成屋顶杂草的类型和数量有所不同。草坪的用途是选择草种首要考虑的因素：不同的草坪草具有不同的特点，不同功能要求的草坪对草坪草要求也不相同。在楼房屋顶草坪绿化建设的植被选择上，由于屋顶的环境与地面自然环境差异很大，应综合考虑屋顶阳光充足、风大，易造成干旱，夏季炎热而冬季寒冷等特点（王雷等，2006；冼丽铧等，2013）。在楼房屋顶草坪绿化建设的植被选择上，还需要结合实际需求进行筛选，最大化、较好地实现屋顶绿化效果。本次调研表明：生长特性为匍匐生长及生长年限为多年生草本的植物都符合屋顶草坪绿化建设植被的选择条件，尤以频度高且外观整齐的铺地锦竹草最佳。

2.2　草坪杂草调查与分析

草坪不但具有防止水土流失、净化空气的功能，还可美化环境，是休闲、晨练的理想之地。杂草指的是人们非有意识栽培的植物，或指长错了地方的植物。

对草坪而言，具体指草坪中不希望有的、阻碍草坪生长发育的、影响草坪稳定性及其景观效果的各种植物（苏少泉，1993；刘荣堂和谢田玲，2003）。杂草的生长与气候和地理环境都有一定的关系（刘金祥等，2003）。本研究目的是了解湛江市不同类型草坪杂草的种类及分布状况，为防治杂草提供科学依据。

调查的草坪为湛江市岭南师范学院校区的一年生草坪、多年生草坪，市体育馆的足球场草坪、市人民大道绿化草坪，分别属于庭院草坪、运动场草坪，以及道路绿化草坪。这 3 种草坪类型包含了湛江市区草坪的基本类型。

2002 年 4 月分别采用样线法与随机取样相结合的方法对庭院草坪、运动场草坪及道路绿化草坪进行调查。样线法随机选取 20 m 的长度，每隔 1 m 做一个样方，样方的面积为 1 m×1 m。将杂草分类、编号，然后装入保鲜袋里，带回实验室称重，压制成标本，鉴定种名，同时进行杂草频度和多度的计算。

2.2.1　庭院草坪杂草种类

1. 一年生庭院草坪杂草

调查地点位于岭南师范学院内。草坪草种为结缕草（*Zoysia japonica*），平均高度 6 cm。结果表明，一年生草坪的杂草种类较多，在 10 个样方内共有 15 种，加上随机取样的杂草，共 18 种。杂草主要为竹节草（*Chrysopogon aciculatus*）和萹蓄（*Polygonum aviculare*）；其次为龙爪茅（*Dactyloctenium aegyptium*）、三蕊沟繁缕（*Elatine triandra*）、鼠麹草（*Gnaphalium affine*）。由图 2-6 和图 2-7 可

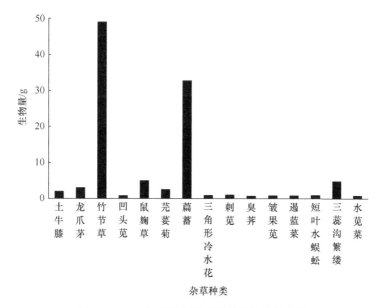

图 2-6　一年生庭院草坪不同种类杂草生物量

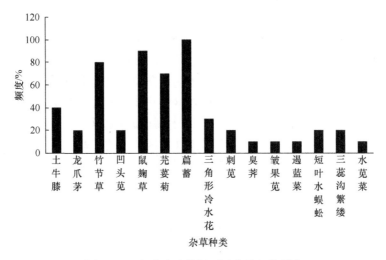

图 2-7 一年生庭院草坪不同种类杂草频度

见，生物量大、频度高的杂草有竹节草和蒿蓄；生物量小、频度低的有臭荠（*Coronopus didymus*）、皱果苋（*Amaranthus viridis*）、遏蓝菜（*Thlaspi arvense*）；生物量小而频度高的有土牛膝（*Achyranthes aspera*）、芫荽菊（*Cotula anthemoides*）、鼠麴草。其中，竹节草数量较多，茎匍匐生长，蔓延的范围较大，影响庭院草坪的美观性。

2. 多年生庭院草坪杂草

调查地点为岭南师范学院校区多年生草坪，草坪草种为结缕草，草坪草的平均高度 7 cm。调查发现，杂草的数量和类型较少，草坪整齐美观，可观赏性强。多年生庭院草坪杂草调查结果见表 2-4。从表 2-4 可知：多年生庭院草坪杂草有11 种，其中三点金（*Desmodium triflorum*）和短叶水蜈蚣（*Kyllinga brevifolia*）的生物量和频度都很高，其生物量分别占总生物量的 28.04% 和 21.52%，频度分别为 90% 和 80%，因此，在多年生草坪中，是占绝对优势的杂草。

表 2-4 多年生庭院草坪杂草种类及生物量和频度

观测项目	杂草种类											
	三点金	波缘冷水花	短叶水蜈蚣	马蹄金	山酢浆草	黄鹌菜	锤菜豆	翅果耳草	地杨桃	链荚豆	粗叶耳草	合计
生物量/（g/m²）	1.29	0.24	0.99	0.44	0.91	0.02	0.39	0.11	0.01	0.13	0.07	4.6
生物量占比/%	28.04	5.22	21.52	9.57	19.78	1.43	6.48	2.39	1.22	2.83	1.52	100
频度/%	90	30	80	100	30	10	30	20	10	10	10	

从一年生草坪和多年生草坪杂草的种类与生物量比较来看，杂草种类比值约为 3：2，杂草生物量比值约为 4：1，一年生草坪杂草种类与生物量均高于多年生草坪。究其原因，在多年生庭院草坪中能够生存下来的杂草都属于植株较为低矮的类型，如马蹄金，分布面积也较大，其频度为 100%，但生物量都不大，如表 2-4 所示，多年生草坪杂草的总生物量为 4.6 g/m²，杂草的根系都较深或有匍匐茎。

2.2.2　运动场草坪杂草种类

所调查的运动场草坪是湛江市体育馆的足球场草坪，主要以狗牙根（*Cynodon dactylon*）和地毯草（*Axonopus compressus*）为建群种，总平均高度为 5 cm。建成时间大于 10 年，草坪外观不够整齐，现仍在使用中。

运动场草坪选择具有耐践踏、耐磨性、柔韧、抗病虫、再生能力和分蘖能力强等优良特性的品种（邓鹏，2019），草坪的杂草种类少，但生物量非常大，各种杂草的频度也很高，三点金和短叶水蜈蚣在杂草中占绝对优势（图 2-8）。短叶水蜈蚣和三点金的频度分别高达 90% 和 100%，多度达到 COP3，是占据绝对优势的杂草种。作为运动场，因其特殊的用途，管理方法不同，杂草的种类较一般的草坪也会有所不同。就所调查的足球场草坪而言，最不能容忍的是有碍踢球的杂草出现，如竹节草和牛筋草（*Eleusine indica*）。竹节草是匍匐生长的，茎长，极容易绊脚，这种杂草一旦出现就很快被管理者铲除。但是对于短叶水蜈蚣、三点金等，其植株较为低矮，对于踢球运动来说影响不大，因此它们成为占绝对优势的杂草。龙爪茅的频度不高，但其分布集中成片。在随机调查的样方中，龙爪茅只在其中一个样方出现，但生物量却不小，在该样方内，是占主要优势的杂草。而竹节草、牛筋草则只是在草坪的边缘出现。钝叶草（*Stenotaphrum helferi*）数量不多且分散，多度为 SP。短叶水蜈蚣和三点金的大量存在虽然不影响这类草坪的实用性，但会导致草坪参差不齐，可观赏性和美观性降低，因此，运动场草坪的杂草管理还须加强。

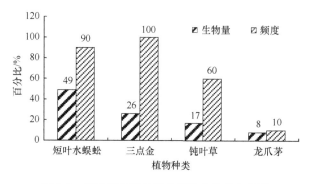

图 2-8　运动场草坪各种杂草的生物量与频度

2.2.3 道路绿化草坪杂草种类

所调查的道路草坪是湛江市人民大道两侧的绿化草坪，平均高度 4 cm，以结缕草为建群种，结构比较单一，杂草主要有千根草（*Euphorbia thymifolia*）、短叶水蜈蚣、飞扬草（*Euphorbia hirta*）、三点金、广州鼠尾粟（*Sporobolus hancei*）、猪屎豆（*Crotalaria pallida*）6 种。由表 2-5 道路绿化草坪杂草调查结果可知，道路绿化草坪杂草生物量最大的是三点金，占总生物量的 57.25%，其频度为 70%，是占绝对优势的杂草种。三点金个体虽小，但是易于生长，较为耐旱，适应能力强，多分散于草坪草中且存量大，影响了草坪的美观性。另外，飞扬草和千根草的频度虽然分别为 70% 和 60%，但是生物量占比仅分别为 15.29% 和 17.65%，是道路绿化草坪杂草中的次级种。

表 2-5 道路绿化草坪调查结果

观测项目	杂草的种类及组成						
	千根草	飞扬草	短叶水蜈蚣	三点金	广州鼠尾粟	猪屎豆	总计
生物量/（g/m²）	0.45	0.39	0.11	1.46	0.04	0.10	2.55
生物量占比/%	17.65	15.29	4.31	57.25	1.57	3.92	100
频度/%	60	70	60	70	10	10	

2.2.4 不同类型草坪杂草种类和数量的比较分析

据调查，湛江市区草坪杂草共有 16 科 43 种（表 2-6）。杂草种类较多的是禾本科、菊科、苋科、豆科、大戟科；频度较高的有三点金、萹蓄、短叶水蜈蚣、钝叶草、马蹄金、山酢浆草等。

表 2-6 湛江市区草坪杂草的种类及其主要特征

科名	植物中文名	拉丁名	生长特征	生长年限
唇形科	剪刀草	*Clinopodium gracile*	直立生长	一年生
唇形科	半枝莲	*Scutellaria barbata*	直立生长	多年生
酢浆草科	山酢浆草	*Oxalis griffithii*	根状茎横卧	一年生
酢浆草科	红花酢浆草	*Oxalis corymbosa*	直立生长	多年生
大戟科	千根草	*Euphorbia thymifolia*	匍匐茎	一年生
大戟科	飞扬草	*Euphorbia hirta*	匍匐生长	一年生
大戟科	地杨桃	*Sebastiania chamaelea*	矮小	一年生
豆科	猪屎豆	*Crotalaria pallida*	直立生长	多年生
豆科	三点金	*Desmodium triflorum*	平卧生长	一年生

续表

科名	植物中文名	拉丁名	生长特征	生长年限
豆科	链荚豆	*Alysicarpus vaginalis*	簇生	二年生
沟繁缕科	三蕊沟繁缕	*Elatine triandra*	茎匍匐，小草本	一年生
含羞草科	含羞草	*Mimosa pudica*	直立蔓生	多年生
禾本科	紫马唐	*Digitaria violascens*	直立生长	一年生
禾本科	竹节草	*Chrysopogon aciculatus*	根茎或匍匐茎	多年生
禾本科	露籽草	*Ottochloa nodosa*	植株矮小	多年生
禾本科	升马唐	*Digitaria ciliaris*	秆倾斜	一年生
禾本科	竹叶草	*Oplismenus compositus*	秆基部平卧	一年生
禾本科	牛虱草	*Eragrostis unioloides*	匍匐，节上长根	一年生
禾本科	牛筋草	*Eleusine indica*	斜立生长	一年生
禾本科	龙爪茅	*Dactyloctenium aegyptium*	秆分节或分枝	一年生
禾本科	广州鼠尾粟	*Sporobolus hancei*	直立生长	多年生
禾本科	钝叶草	*Stenotaphrum helferi*	匍匐枝	多年生
禾本科	地毯草	*Axonopus compressus*	有匍匐枝	多年生
莎草科	香附子	*Cyperus rotundus*	匍匐根状茎生长	多年生
莎草科	短叶水蜈蚣	*Kyllinga brevifolia*	匍匐根状茎生长	多年生
菊科	芫荽菊	*Cotula anthemoides*	匍匐生长	一年生
菊科	鼠麹草	*Gnaphalium affine*	直立生长	二年生
菊科	黄鹌菜	*Youngia japonica*	茎直立	一年生
菊科	大丁草	*Leibnitzia anandria*	春秋直立生长	多年生
蓼科	萹蓄	*Polygonum aviculare*	茎平卧生长	一年生
千屈菜科	水苋菜	*Ammannia baccifera*	矮小直立生长	一年生
荨麻科	三角形冷水花	*Pilea swinglei*	矮小直立生长	一年生
荨麻科	波缘冷水花	*Pilea cavaleriei*	矮小直立生长	一年生
茜草科	粗叶耳草	*Hedyotis verticillata*	矮小直立生长	一年生
茜草科	翅果耳草	*Hedyotis pterita*	直立生长	一年生
茜草科	白花蛇舌草	*Hedyotis diffusa*	直立生长	一年生
十字花科	遏蓝菜	*Thlaspi arvense*	植株矮小	一年生
十字花科	臭荠	*Coronopus didymus*	植株矮小	一年生或二年生
苋科	皱果苋	*Amaranthus viridis*	直立生长	一年生
苋科	土牛膝	*Achyranthes aspera*	直立生长	一年生
苋科	刺苋	*Amaranthus spinosus*	直立生长	一年生
苋科	凹头苋	*Amaranthus lividus*	直立生长	一年生
旋花科	马蹄金	*Dichondra repens*	节处长根，匍匐生长	多年生

　　由于生长环境、管理水平及地理环境等的差别，各种类型草坪杂草的种类数及分布情况亦有所不同（图2-9）。

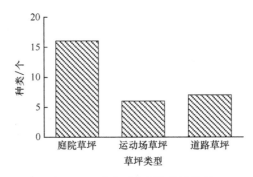

图 2-9 三种类型草坪的种类比较

如图 2-9 所示，庭院草坪的种类最多，道路草坪次之，运动场草坪的种类最少。从生物量来看：运动场草坪的杂草生物量最大，道路草坪的生物量最小。庭院草坪与人及动物的关系密切，为杂草的传播提供了许多途径，所以杂草的种类数量较多。然而，调查中发现，湛江市体育馆足球场草坪杂草的地上生物量是其他两种类型总和的 3 倍。分析其原因：湛江市体育馆足球场的草坪建成已有 10 多年，最初种植的草坪草草种是狗牙根和地毯草。随着时间的推移，杂草也逐渐侵入，竹节草、牛筋草等对足球场危害较大，管理者比较重视这类杂草的防治管理。因此，除球场的边缘外，其他地方都不常见。短叶水蜈蚣、三点金植株矮小，虽有碍美观，但危害性不是很大，相对而言，管理者不太重视这类杂草的防治管理，从而导致这种类型的杂草大量滋生，虽然种类不多，但数量较大，短叶水蜈蚣在有些区域甚至成了建群种，所以该区域运动场的草坪杂草种类较少，但杂草地上生物量较大。

参 考 文 献

邓鹏. 2019. 足球场天然草坪施工与养护技术浅析——以深圳前海运动公园项目为例. 现代园艺, (12): 189-190.

刘金祥, 纪汉文, 孙智婷, 等. 2003. 湛江市区草坪杂草现状与分析. 草原与草坪, (2): 14-18.

刘荣堂, 谢田玲. 2003. 用麦草宁防治几种草坪杂草研究. 草业科学, (11): 58-60.

潘兰影. 2008. 草坪杂草的发生及防治. 现代农业科技, (487): 161+163.

邱翔, 王晋峰. 2005. 荒芜草坪杂草种群间相遇机率(PIE)及密度(D)盖度(C)频度(F)的相关性研究. 四川草原, (12): 27-31+44.

苏少泉. 1993. 杂草学. 北京: 中国农业出版社.

谭永钦, 张国安, 郭尔祥. 2004. 草坪杂草生态位研究. 生态学报, (6): 1300-1305.

王雷, 刘自学, 王堃. 2006. 屋顶花园规划及建造中的几个关键问题. 草业科学, (8): 103-105.

冼丽铧, 鲍海泳, 陈红跃, 等. 2013. 屋顶绿化研究进展. 世界林业研究, 26(2): 36-42.

张宝鑫. 2003. 城市立体绿化. 北京: 中国林业出版社.

第3章 铺地锦竹草的生物学特性

铺地锦竹草（*Callisia repens*），又叫洋竹草、翠玲珑、竹节草、吊竹梅等，是鸭跖草科锦竹草属（*Callisia*）多年生草本植物，原产于从墨西哥到阿根廷北部的地区（Grabiele et al.，2015）。属名 *Callisia* 的来源存在争议，最早可能由 Loefling 于 1758 年提出，所以文献中可见到 *Callisia* Loefl.的描述，该属约有 20 个种，为多年生或一年生草本。铺地锦竹草的拉丁名最早由 Jacquin 于 1760 年提出，为 *Hapalanthus repens*，林奈于 1762 年将其更名为 *Callisia repens*，所以铺地锦竹草的拉丁名为 *Callisia repens*（Jacq.）L.（Bergamo，1997）。拉丁词 "calli" 来自希腊语 kallos（beauty，美丽），拉丁词 "repens" 是"匍匐生根，即爬地平卧而生根"之意（斯特恩，1978）。"铺地锦竹草"的"铺地"描拉丁词 "repens"（匍匐生根）之形，"锦"会拉丁词 "calli"（美丽）之意，形意结合，所以我们认为"铺地锦竹草"比其他中文名更贴切，建议中文名统一采用"铺地锦竹草"。

铺地锦竹草植株低矮，茎肉质，呈匍匐生长，形成垫状，多分枝，节处生根，茎叶颜色随土壤水分和季节变化而变化，春夏叶片为翠绿色，秋冬季或茎叶老时变为酒红色。单叶互生，沿花枝渐小，基部鞘状，长卵形或卵形，长 1～4 cm，宽 0.6～1.2 cm，边缘和顶端粗糙，余光滑无毛，肉质，表面具蜡质光泽，翠绿色，时有紫色斑点。蝎尾状聚伞花序（scorpioid cymes）稀单生，常成对，无梗，在茎顶腋生，集成密花序；花两性或雄性；萼片绿色，条状长圆形，长 3～4 cm，沿中脉被长硬毛，边缘干膜质；花瓣白色，披针形，3～6 mm；雄蕊 3 枚，花丝长，伸出花冠，药隔宽三角形；子房长圆形，不明显 3 棱，2 室，顶端有长柔毛，每室 2 胚珠，花柱丝状，柱头画笔状；蒴果长圆形，长约 1.5 mm，2 瓣裂；种子每片 2 粒，棕色，长约 1 mm，多皱（中国科学院植物研究所，2020），详见图 3-1（曾彦学等，2010）。染色体 2n=12（Grabiele et al.，2015）。

铺地锦竹草进入中国大陆（内地）的确切时间不清楚，一般认为，40 多年前作为观赏植物引进到中国台湾，20 多年前进入中国香港（曾彦学等，2010），1997 年出版的《中国植物志》还没有铺地锦竹草的记载（曾宪锋等，2014），2005 年广州报道了屋顶出现铺地锦竹草（简曙光等，2005）。2010 年左右本研究团队在湛江观察到屋顶出现铺地锦竹草。

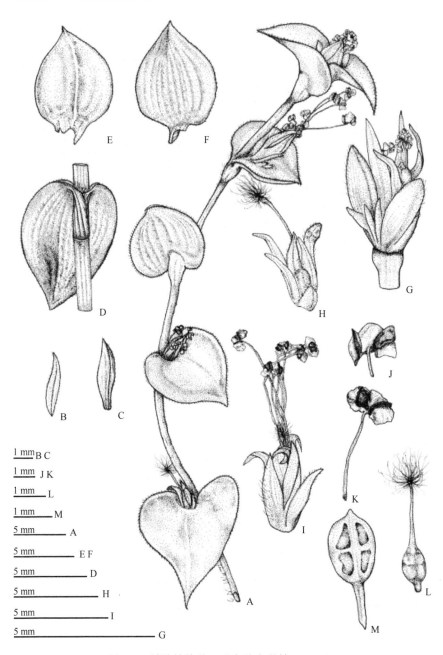

图 3-1　铺地锦竹草（引自曾彦学等，2010）
A-株形；B-苞片；C-萼片；D-叶鞘；E-叶片近轴面；F-叶片远轴面；G-雄花；
H-雌花；I-两性花；J-雄蕊背视图；K-雄蕊腹视图；L-雌蕊；M-果实

3.1　铺地锦竹草的形态解剖特征

本研究利用水培和土培实验培养铺地锦竹草（*Callisia repens*），研究其根系和叶的形态，以及根、茎、叶的解剖结构，分析铺地锦竹草的形态解剖和结构特点。实验材料取自岭南师范学院实验楼屋顶培植的铺地锦竹草。

水培法：取生长状态相似的铺地锦竹草，剪成 4～6 cm 长的带叶片茎段，用海绵固定在水培箱带孔盖板上（长 41 cm×宽 26 cm×高 14 cm）进行培养，培养液为霍格兰溶液（Hoagland solution），每隔 1 h 供气 30 min，并适时补充水分。培养 10 d 后，用 ScanMaker i800Plus 扫描仪扫描根系的图像，共扫描 12 个根系。用 WinRHIZO Pro 2009b 根系分析系统软件（Regent Instruments Canada Inc.）分析扫描根系的图像，得到总根长、总根表面积、平均根系直径、总根体积等。用扫描仪扫描充分展开叶片的图像，用 Image-Pro Plus 6.0 图像分析软件（Media Cybernetics）分析叶片的面积、周长、长、宽及长宽比等，共扫描 17 片叶。

土培法：取生长状态相似的铺地锦竹草，剪成 4～6 cm 长的带叶片茎段，栽植在长 18cm×宽 13 cm×高 2 cm 的塑料盒中。塑料盒底部打 6 个小孔避免积水，底部铺 1 cm 厚土壤。每个塑料盒栽植 3 株铺地锦竹草，每隔 2 d 浇水 1 次。培养 20 d 后，取铺地锦竹草的根尖（包括土壤根和气生根）、茎、叶材料，用 FAA 固定液（70%乙醇 90 ml，冰醋酸 5 ml，37%甲醛溶液 5 ml）固定，用石蜡切片法进行制片，切片厚度 4 μm，番红固绿染色，中性树胶封片，在 Leica DM2000 生物显微镜上观察并照相。用于观察气孔的叶片先用 2.5%戊二醛固定液固定 10 h，再分别经过 30%、50%、70%、90% 和 95%乙醇脱水 1 min，然后平铺在载玻片上，盖上盖玻片，用于气孔的观察并照相。

3.1.1　铺地锦竹草根系的形态与结构

表 3-1 是水培 10 d 的铺地锦竹草根系形态参数。可以看出，铺地锦竹草的生根（不定根）速度很快，仅 10 d 的节生根系平均长度超过 4.7 m，根系表面积达 0.006 m^2，但平均根直径较小，且根直径的变异系数很小，说明根直径大小较一致，属于须根系植物。

表 3-1　水培 10 d 的铺地锦竹草根系形态参数（*n*=12）

参数	均值	标准差	变异系数
根系长度/mm	4740.1	868.8	0.18
根系表面积/mm^2	6219.4	1320.5	0.21
根直径/mm	0.421	0.035	0.08
根系体积/mm^3	653.4	173.5	0.27

表 3-2 是水培 10 d 的铺地锦竹草不同根直径间的根长分布情况。可以看出，直径小于 0.6 mm 的根长接近一半（47.9%），直径小于 1 mm 的根长超过 80%，说明铺地锦竹草根系主要由须根构成。

表 3-2　水培 10 d 的铺地锦竹草不同根直径间的根长分布（$n=12$）

项目	数值							
根直径范围/mm	0～0.2	0.2～0.4	0.4～0.6	0.6～0.8	0.8～1	1～1.2	1.2～1.4	>1.4
根长/mm	522.3	781.5	967.5	468.0	1088.8	117.1	392.3	402.5
占比/%	11.0	16.5	20.4	9.9	23.0	2.5	8.3	8.5

注：表中占比数据为四舍五入后数据

图 3-2 是土培铺地锦竹草根尖横截面，从外向内依次为表皮、皮层和中柱。表皮细胞排列紧密，没有细胞间隙，也没有根毛。一般植物根的表皮细胞较小且呈砖形，而铺地锦竹草根的表皮细胞大且外侧切向壁加厚，形态不一，有时发育

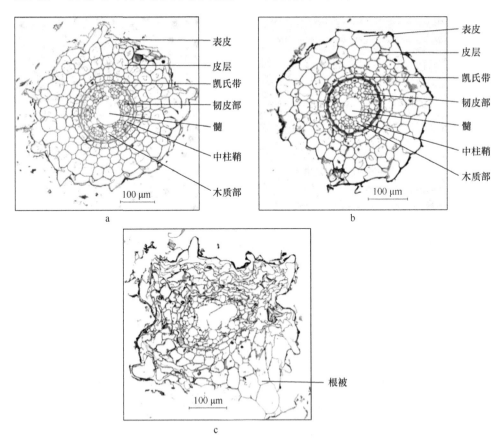

图 3-2　土培铺地锦竹草根尖的横截面（彩图请扫封底二维码）
a. 土壤根；b. 气生根；c. 气生根，示根被

成多层细胞（图 3-2c），这是原表皮细胞平周分裂衍生成的根被（velamen）（潘瑞炽和钱家驹，1953）。皮层为 3~4 层薄壁细胞，细胞排列疏松，近圆形，体积较大，细胞间隙明显；内皮层细胞体积较小，细胞排列紧密，没有细胞间隙，土壤根和气生根的内皮层上均有一圈明显的凯氏带（Casparian strip）结构，气生根的凯氏带较厚（图 3-2b）。内皮层之内是中柱，中柱最外一层细胞是中柱鞘，这层细胞体积大小与内皮层细胞相似，排列也紧密。土壤根的原生木质部为六原型，而气生根则为五原型。

3.1.2　铺地锦竹草茎的结构

从图 3-3 可以看出，铺地锦竹草的茎具有表皮、皮层薄壁细胞、维管束和髓结构。表皮细胞一层，细胞较小，排列紧密，其外部隐约可见覆盖蜡质层，未见表皮毛，有的部位下陷；基本组织由多层薄壁细胞组成，细胞圆形或椭圆形，外面几层细胞小，里面几层细胞大；其维管束散生于整个茎的薄壁组织之中，维管束数量很少，维管束之间的距离较大，小的维管束密集于边缘，而较大的维管束分布于中央部分；髓无明显髓腔。

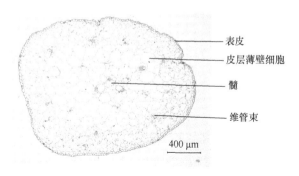

图 3-3　铺地锦竹草茎的解剖结构（彩图请扫封底二维码）

3.1.3　铺地锦竹草叶的形态与结构

表 3-3 是水培铺地锦竹草完全展开叶片的形态参数，叶片呈卵圆形。叶面积变异系数较大，说明不同叶位的叶片大小不一致；长宽比的变异系数很小，说明铺地锦竹草叶片形状较一致。

从图 3-4 可以看出，铺地锦竹草的叶片由表皮、叶肉和叶脉三部分组成。上、下表皮各由一层细胞构成，叶片表面隐约可见覆盖角质层，未见表皮毛。下表皮细胞小，有气孔；上表皮为大型含水薄壁泡状细胞。叶肉细胞很小，不发达，没有气孔。维管束数目少，不发达，未见明显的中脉，叶缘处的维管束较大。

表 3-3　水培铺地锦竹草完全展开叶的形态参数（*n*=17）

形态参数	均值	标准差	变异系数
面积/mm²	138.20	32.28	0.23
周长/mm	49.67	5.99	0.12
长/mm	19.28	2.49	0.13
宽/mm	10.81	1.35	0.12
长宽比	1.78	0.16	0.09

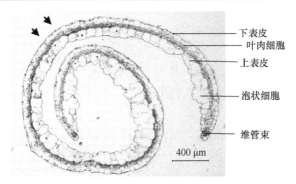

图 3-4　铺地锦竹草叶片的横截面（彩图请扫封底二维码）

箭头指向气孔

图 3-5 是铺地锦竹草上表皮细胞照片，单位视野面积（0.95 mm²）内有 19～25 个细胞，平均 22 个。细胞大小不一，排列整齐，细胞与细胞之间排列紧密，垂周壁平直且厚，清晰可见。绝大多数细胞呈规则六边形（如标记 1），类似蜂巢形状，也有部分细胞呈不规则六边形（如标记 2）；少数细胞呈五边形（如标记 3）和七边形（如标记 4）。上表皮细胞等效椭圆的长度在 86.64～120.99 μm，平均 104 μm；细胞等效椭圆的宽度在 75.38～101.27 μm，平均 88.09 μm。细胞等效椭圆的长宽比在 1.02～1.61，平均 1.20。上表皮没有气孔，与切片观察结果一致（图 3-4）。

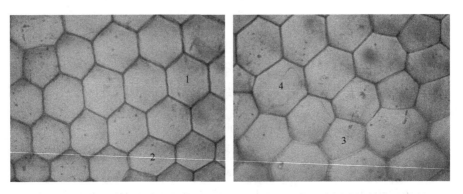

图 3-5　铺地锦竹草叶片的上表皮细胞特征（放大 200 倍，彩图请扫封底二维码）

图 3-6 是铺地锦竹草下表皮细胞照片，单位视野面积（0.95 mm^2）内有 57～72 个细胞，平均 65 个。细胞形状差异大，大多数细胞呈不规则形，大小不同，排列紧密，垂周壁随着细胞形状的变化而平滑弯曲呈弧形。下表皮细胞等效椭圆的长度在 49.88～82.67 μm，平均 65.92 μm；细胞等效椭圆的宽度在 36.78～71.12 μm，平均 50.56 μm。细胞等效椭圆的长宽比在 1.03～2.03，平均 1.35。下表皮有气孔，与切片观察结果一致（图 3-4）。

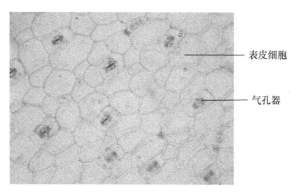

图 3-6　铺地锦竹草叶片的下表皮细胞特征（放大 200 倍，彩图请扫封底二维码）

图 3-7a 是铺地锦竹草气孔器的分布情况。铺地锦竹草的气孔只在下表皮分布，大多数气孔器的长轴与叶片长轴平行，呈现单个分布。在光学显微镜放大 400 倍下，可观察到气孔器由两个保卫细胞和 4 个副卫细胞构成（图 3-7b）。两个保卫细胞呈肾形，凹面相对形成气孔；4 个副卫细胞呈平列四胞型，靠近保卫细胞的两个较小的副卫细胞与保卫细胞长轴平行，围绕在外较大的两个副卫细胞与保卫细胞长轴垂直。保卫细胞内有 12～20 个绿色颗粒，即为叶绿体。

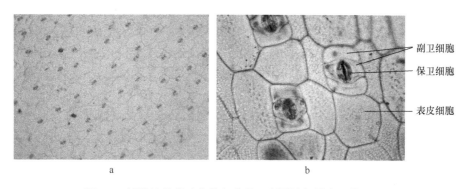

图 3-7　铺地锦竹草叶片的气孔器（彩图请扫封底二维码）
a. 放大 100 倍；b. 放大 400 倍

保卫细胞等效椭圆长轴在 22.36～31.43 μm，平均 26.99 μm；径轴在 16.83～

23.18 μm，平均 19.38 μm。保卫细胞等效椭圆长宽比在 1.15～1.75，平均 1.42。单位视野面积（0.95 mm^2）内有 9～15 个气孔器，气孔密度 9.47～15.79 个/mm^2，平均 11.79 个/mm^2，气孔指数为 12.50～20.83，平均 17.21。

3.1.4 讨论

培养 10 d 后铺地锦竹草节生根的根系长度和表面积较大，说明铺地锦竹草扦插苗生根能力强且快，有利于无性繁殖；根系发达且细根占比大，有利于吸收水分和营养。根细小而柔软，不易破坏屋顶结构。

铺地锦竹草的表皮衍生为根被，根被具有获取和贮藏水分及营养、降低水分散失、保护皮层、降低高温环境下根的热负荷和防紫外线等作用（Zotz et al., 2017）。

凯氏带是内皮层细胞发育过程中形成的径向壁和横向壁上木栓质化带状增厚，呈带状环绕细胞一周，由不透水的胼胝质组成。凯氏带的主要功能是阻止水分和矿物质离子自由通过内皮层（潘瑞炽等，2012）。铺地锦竹草根内皮层有发达的凯氏带，在干旱条件下能有效阻止水分从中柱逆流到根外，有利于提高根系保水能力，气生根的凯氏带比土壤根的厚（图 3-1）反映出干旱程度越高，铺地锦竹草的凯氏带越发达。

铺地锦竹草的茎具有表皮、皮层薄壁细胞、维管束结构。茎维管束散生，数量少，且髓不发达，说明输导组织不发达，与其叶片保水能力强，不需要大量水分有关，这也是耐旱植物的特征之一（张泓等，1992）。

与同为锦竹草属的香锦竹草（*Callisia fragrans*）相比，铺地锦竹草叶片相对较小，呈长卵圆形。香锦竹草叶长 15～30 cm，叶宽 5～10 cm，香锦竹草更狭长。叶片小有利于降低蒸腾作用，减少水分消耗。

铺地锦竹草上表皮有大量泡状细胞，又称运动细胞，是一种大型的、空心、无色的薄壁细胞，有一个中央大液泡，贮藏大量水分。当水分供应充足时，泡状细胞充水，使叶片展平，当环境缺水时，泡状细胞失水可使叶片卷曲，减少蒸腾作用，加之，叶片气孔较少，叶片的这些解剖结构特点，说明铺地锦竹草叶片贮水和保水能力强。

本研究发现，铺地锦竹草上表皮细胞垂周壁平直增厚，较厚的垂周壁使表皮细胞的结合更加紧密，增强了叶的机械支撑能力和抗逆性。细胞的紧密结合，可以减少水分散失，有利于增强植物的抗旱性。另外，上表皮细胞呈现一定规则多边形形状，相对番茄、茄等不耐旱植物（于龙凤等，2010），上表皮细胞明显较大，且数目少，提高了叶片细胞对光的捕获能力，使光辐射更容易穿透叶表皮到达叶肉组织，进而提高光合能力，有利于其在遮阴环境下生长。

铺地锦竹草下表皮细胞垂周壁呈现波浪状及增厚，细胞结合紧密，这与上表皮细胞特点是一致的，因而下表皮细胞对抗旱也有重要作用。在干旱环境中生长的植物，叶表皮细胞有变小的趋势，垂周壁加厚，具有内皮层，体现了植物对环境胁迫的适应与响应（李芳兰和包维楷，2005）。本研究表明，铺地锦竹草下表皮细胞较上表皮细胞明显变小，较小的细胞能够减少水分的散失，保水能力强。

　　气孔器具有控制水分和进行气体交换的作用，是植物调节体内水分的重要通道，直接影响植物的蒸腾作用，在水分胁迫下植物通过气孔器的调节使自身抵御干旱，这是植物适应环境的机制之一。植物叶片上气孔器的数目和分布因植物种类而异，大多数植物叶片上、下表皮都有气孔，少数植物只有下表皮存在气孔器（董天英和尹秀玲，1992）。一般情况下，下表皮的气孔器数目多于上表皮，但也有少数植物上表皮气孔器数目多于下表皮。本实验发现，铺地锦竹草上表皮没有气孔器，气孔器只分布在下表皮，并且气孔器呈单个稀疏分布，相邻的气孔器之间距离较大。在天气炎热的时候，受到太阳光的照射，上表皮温度往往比下表皮相对较高，气孔作为植物控制蒸腾作用的通道，叶片中的水分比较容易从上表皮的气孔散失，而铺地锦竹草的气孔只分布在下表皮，这样的特点有利于降低蒸腾作用，提高抗旱能力。

　　植物气孔器的大小与植物抗旱性强弱有一定的关系。有研究表明，能够适应干旱环境的植物气孔有变小的趋势（李中华等，2016）。铺地锦竹草气孔器长轴平均 26.99 μm，径轴平均 19.38 μm，等效椭圆长宽比平均 1.42。这和抗旱性较强的十字花科沙芥属植物、景天科植物等相似，沙芥属植物气孔器长轴平均 30.21 μm，径轴平均 19.74 μm，等效椭圆长宽比平均 1.52（李中华等，2016）。较小的气孔器对适应高温、干旱的环境有重要作用，当环境变得干旱时，气孔更快地关闭，气孔导度下降，蒸腾作用减弱，可防止体内水分散失，提高植株的抗旱能力。

　　植物气孔密度和气孔指数在一定程度上能够反映植物抗干旱的能力。气孔密度衡量单位面积内气孔器的数量，气孔指数衡量气孔器所占总细胞数量的百分比，二者都是反映气孔数量的指标。研究表明，能够适应干旱环境的植物气孔密度和气孔指数均比不能适应干旱环境的植物小（李中华等，2016）。铺地锦竹草气孔密度平均 11.79 个/mm^2，气孔指数平均 17.21，而番茄、辣椒的气孔密度与气孔指数分别是 226.85 个/mm^2、212.31 个/mm^2 和 22.7、23.48（于龙凤等，2010）。相比较，铺地锦竹草的气孔密度和气孔指数都小于番茄与辣椒的。在高温干旱的环境下，较少的气孔能减少蒸腾作用，防止水分流失，这是植物适应干旱环境的表现。

　　气孔保卫细胞中的叶绿体与植物抗旱性也有一定的关系。保卫细胞叶绿体和叶肉细胞叶绿体的生理生化作用相似，都具有光系统 I（PS I）和光系统 II（PS II）。观察发现，铺地锦竹草气孔保卫细胞中的叶绿体，呈圆形颗粒状，数量

12~20颗。当环境友好，水分和阳光都充足时，保卫细胞中的叶绿体产生ATP，并运输到细胞质中，被质膜H⁺-ATP酶利用后，将H⁺泵到保卫细胞外，引起细胞内水势大幅下降，使水分内流，保卫细胞膨胀，气孔开放；当环境变得干旱时，保卫细胞中的叶绿体产生能量促进H⁺进入保卫细胞内，引起细胞内水势升高，使水分外流，保卫细胞缩小，气孔关闭（王书伟等，2010）。

综上所述，铺地锦竹草根系较发达，细根占比大，有利于吸收水分和营养。根被和发达的凯氏带，能有效阻止气生根的水分从根体内倒流到空气中。铺地锦竹草叶上、下表皮细胞排列紧密，无细胞间隙；上表皮泡状细胞发达，储存有大量水分，细胞形态多呈六边形，少有五边形或七边形，没有气孔分布；下表皮细胞形态多呈不规则形，细胞较上表皮细胞小，气孔密度小，蒸腾作用弱。所有这些形态和解剖结构特征，赋予铺地锦竹草强的抗旱能力。

3.2　干旱对铺地锦竹草叶片表皮细胞的影响

在长期的进化过程中，植物具有非常明显的可塑性、对环境的适应性和敏感性（李芳兰和包维楷，2005）。叶片是植物暴露在环境中最大的器官，受环境因子影响显著，对干旱等逆境反应敏感。结构是功能的基础，叶的结构不同，必然会影响到其相应的生理生态功能，因此，叶片的形态结构能反映植物抵御和适应干旱的能力，如干旱胁迫改变桃叶杜鹃叶肉细胞的超微结构（熊贤荣等，2017），干旱胁迫使三叶木通幼苗叶片变薄、上表皮变薄、栅栏细胞缩短、栅栏组织变紧密等（吴正花等，2018）。

铺地锦竹草，归属为鸭跖草科锦竹草属，属多年生、常绿、小型蔓性草本植物，原产美洲热带地区，我国长江以南诸省均有分布，具有较高的观赏价值和生态效益，目前关于铺地锦竹草叶表皮微形态的研究尚未见报道。本研究对干湿条件下铺地锦竹草的叶表皮进行了显微观察，以期了解铺地锦竹草叶表皮形态结构特征与干旱的关系，也可为铺地锦竹草的植物学分类鉴定积累资料。

实验材料为铺地锦竹草，由岭南师范学院草业实验基地提供。于2016年4月5日将供试材料移栽在有网孔的育苗托盘（长60 cm×宽24 cm×高3 cm）中，土壤取自该草业实验基地水稻试验田的耕作层土壤。栽植初期放置在岭南师范学院草业实验基地的露天平地上，常规管理，每盘等量浇水。2017年1月2日随机选定其中两盘放置在岭南师范学院第四教学楼B栋三楼阳台。其中一盘常规管理浇水，作为对照；另一盘不浇水，作为干旱处理。2017年2月28日取成熟且健康叶片，用2.5%的戊二醛固定液固定10 h。达到固定时间后，用镊子将叶片从固定液中夹取出来，用蒸馏水洗去叶片表面的固定液，然后采用刮取法制取叶表皮。接着用30%、50%、70%、90%、95%和100%的梯度乙醇对叶表皮进行脱水，每个梯度脱水 1 min，在载玻片上展平后盖上盖玻片。上、下叶表皮各观察 10 个不同的视野，每个视野的面积 0.95 mm²，利用 OLYMPUS BX43 型光学照相显微镜系统进行观察、拍照。

　用 Image-Pro Plus 6.0 图像分析软件分析叶表皮图像，随机选择上、下表皮各 40 个细胞，测量其面积、最大长度和最大宽度；随机选定 40 个气孔器，测量其面积、最大长度和最大宽度。

3.2.1　干湿条件下铺地锦竹草叶片表皮细胞的形态特征

　从图 3-8 可以看出，铺地锦竹草叶片的上表皮没有气孔分布。对照和干旱处理的上表皮细胞都排列紧密、规则，绝大多数细胞近似正六边形，整体形状类似蜂窝，偶有五边形或七边形细胞，细胞的垂周壁平直，相互之间紧密相连而没有细胞间隙。对照的上表皮细胞饱满有立体感，而干旱处理的上表皮细胞变小变长，由于失水缺乏饱满度，与表 3-4 数据一致，即干旱处理的上表皮细胞的长度、宽度和面积变小了，分别比对照下降了 1.9%、4.0% 和 5.4%，而长宽比增大了 5.8%，因此，干旱使铺地锦竹草上表皮细胞变小、变扁平了。

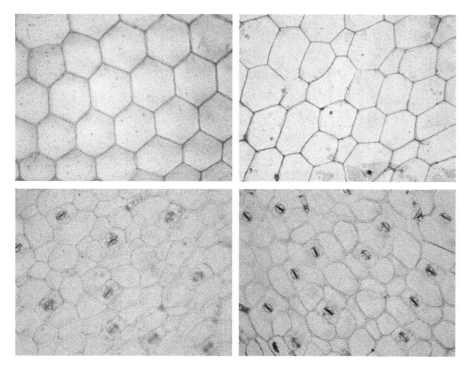

图 3-8　光学显微镜下铺地锦竹草叶表皮细胞特征（放大 200 倍，彩图请扫封底二维码）
上排：上表皮；下排：下表皮；左列：对照；右列：干旱

表 3-4　铺地锦竹草叶片的表皮细胞特征

叶表皮细胞参数		对照	干旱
上表皮	长/μm	104.00±8.74（8.4%）	102.06±14.03（13.7%）
	宽/μm	88.09±6.12（7.0%）	84.6±8.37（9.9%）
	面积/μm²	6581.6±702.1（10.7%）	6223.6±1218.6（19.6%）
	长宽比	1.20±0.13（10.6%）	1.27±0.19（14.8%）
下表皮	长/μm	65.92±9.27（14.1%）	74.11±11.84（16.0%）
	宽/μm	50.56±6.99（13.8%）	53.61±7.35（13.7%）
	面积/μm²	2427.6±504.5（20.8%）	2951.8±808（27.4%）
	长宽比	1.35±0.23（16.8%）	1.44±0.24（16.6%）

注：表中数值为均值±标准差，括号内数值为变异系数（n=40）

从图 3-8 还可以看出，铺地锦竹草叶片的下表皮有气孔分布。对照和干旱处理的下表皮细胞都排列紧密，由规则与不规则四边形、五边形、六边形、七边形组成，有的细胞略呈长椭圆形，大小不一，多数细胞形状不规则。细胞的垂周壁随着细胞的形状变化而平滑弯曲呈弧形。由表 3-4 可知，干旱处理的下表皮细胞的长度、宽度、面积和长宽比均变大了，分别比对照上升了 12.4%、6.0%、21.6% 和 6.7%，因此，干旱使铺地锦竹草下表皮细胞变大、变扁平了。

变异系数是标准差与平均值的比值，是衡量各观测值变异程度的一个统计量。从表 3-4 可以看出，在干旱胁迫下，叶表皮细胞多数参数（下表皮细胞的宽和长宽比除外）的变异系数大于对照，说明干旱促使叶表皮细胞形状发生改变，并且下表皮细胞比上表皮细胞变化更大。

3.2.2　干湿条件下铺地锦竹草叶片气孔器的形态特征

从图 3-9 可以看出，铺地锦竹草叶片的气孔器在叶片下表皮的分布是不均匀的。气孔器两个保卫细胞的形状均为肾形，这两个肾形保卫细胞凹面相对形成气孔。4 个副卫细胞特征描述见 3.1.3。另外，在每个保卫细胞中有 12～20 粒绿色颗粒，即为叶绿体。

由表 3-5 可知，干旱处理下气孔器下长度、宽度和面积变小了，分别比对照下降 2.3%、7.5% 和 10.4%，而长宽比增大了 10%。因此，干旱使铺地锦竹草的气孔器变小、变扁平了。还可以看出，在干旱胁迫下叶片气孔参数（长度除外）的变异系数大于对照，说明干旱促使气孔形状发生了改变。

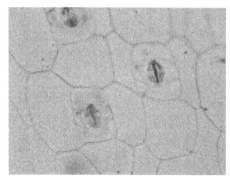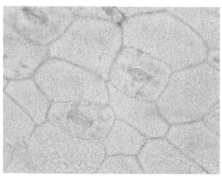

图 3-9　铺地锦竹草叶片的气孔器（放大 400 倍，彩图请扫封底二维码）

左图：对照；右图：干旱

表 3-5　铺地锦竹草叶表皮气孔器特征

气孔器参数	对照	干旱
长/μm	26.99±2.11（7.8%）	26.37±1.88（6.6%）
宽/μm	19.38±1.42（7.3%）	17.92±1.68（9.5%）
面积/μm^2	384.02±44.99（11.7%）	343.91±45.34（13.2%）
长宽比	1.40±0.14（9.6%）	1.54±0.19（12.1%）

注：表中数值为均值±标准差，括号内数值为变异系数（n=40）

3.2.3　讨论

表皮细胞垂周壁越厚、弯曲程度越大、细胞之间排列越紧密，其保护效果越明显，这是植物抗旱抗寒能力较强的表现（尤凤丽等，2010）。本实验观察结果表明，铺地锦竹草的上、下叶表皮细胞都排列得非常紧密，而且下表皮细胞的垂周壁既有平直又有弯曲，说明这是铺地锦竹草抗旱的结构基础之一。

表皮细胞的大小与植物抗旱性有关，抗旱玉米品种叶片上、下表皮细胞的面积和长度比不抗旱品种的小（Ristic and Cass，1991），原因可能是叶细胞变小能降低细胞的渗透势，有助于表皮细胞在叶水势降低时维持细胞膨大，因此，在水分亏缺的条件下，较小的细胞对植物是有利的（Cutler et al.，1977）。干旱环境中的小麦叶片下表皮细胞会变小（赵瑞霞等，2001）。盐胁迫条件下拟南芥叶片表皮细胞也会变小（侯蕾和陈龙俊，2011）。本研究表明，干旱使铺地锦竹草叶片上表皮细胞变小，与对玉米的研究结果一致（Ristic and Cass，1991）。但在干旱胁迫下，铺地锦竹草叶片下表皮细胞反而变大，这与以往报道不一致，其原因有待进一步研究。另外干旱胁迫对铺地锦竹草叶片下表皮细胞的影响比上表皮大，原因可能是上表皮向阳，温度、湿度等的变化较背阴的下表皮剧烈。

缺水条件下，气孔多分布于叶片下表皮，该分布模式既可促进植物与外界环境之间气体交换，又能降低蒸腾作用耗水（李芳兰和包维楷，2005），因为下表皮在阴面，温度相对较低。本研究表明，铺地锦竹草叶片上表皮没有气孔器，气孔器只分布在下表皮，因此铺地锦竹草具有耐旱结构特征。

环境中如果缺水，叶片气孔器会变得比正常环境下的小（杨惠敏和王根轩，2001；赵瑞霞等，2001）。本研究结果表明，干旱环境下，铺地锦竹草叶片气孔器的长、宽和面积都小于对照，即干旱使气孔器变小。气孔器影响气孔的开度，气孔器变小，蒸腾速率下降，可提高植物的保水抗旱能力。

越来越多的研究者利用植物同科不同属的叶表皮特征作为植物分类的佐证。对三种香根草的叶表皮微形态进行的观察研究表明，三种香根草叶表皮细胞的形状既有相同又有差异，说明叶表皮细胞形态在香根草系统分类中有巨大意义（刘金祥等，2013）；鸭跖草（*Commelina communis*）的叶表皮细胞均略呈方形或长方形，气孔器为平列四胞型（马红和陶波，2008）。本实验观察结果表明，铺地锦竹草叶的上下表皮细胞形状差异很大：上表皮主要为规则六边形，细胞的垂周壁平直，像蜂窝状排列；下表皮细胞多为不规则形状，垂周壁随着细胞的形状变化而平滑弯曲呈弧形，气孔器为平列四胞型。此研究结果为铺地锦竹草在鸭跖草科植物中的分类提供了证据。

对甘蓝型油菜叶保卫细胞中叶绿体个数的研究表明，保卫细胞中叶绿体的个数可以用于鉴定单倍体和二倍体（何婷等，2012）；用气孔保卫细胞叶绿体数预测西瓜染色体倍性的准确率可达 90.2%（施先锋等，2009），可见气孔器中叶绿体的数目是植物分类可参考依据之一。本研究表明，铺地锦竹草叶的保卫细胞中有 12~20 个叶绿体，与同科的鸭跖草保卫细胞中 8~12 个叶绿体不同（马红和陶波，2008），还不能判断与同属的其他种有无差异，因为还未见锦竹草属其他种保卫细胞叶绿体数目的报道。

综上所述，铺地锦竹草叶表皮具有明显旱生植物的结构特征，这一点可作为该植物分类的参考。

3.3　铺地锦竹草的生长规律

研究不同茎龄铺地锦竹草的生长状况及形态特征，可为选择更适合粤西地区无性繁殖的铺地锦竹草茎龄提供参考。

实验在岭南师范学院草业实验基地进行（110°24′E，21°12′N）。该区处北回归线以南的低纬地区，属亚热带气候，终年受海洋气候影响，空气湿度大，春季潮湿温暖，夏季酷热多雨，终年无霜雪，气温宜人。气温年平均 23.2℃，7 月最高，月平均为 28.9℃，最高曾达 38.1℃；1 月最低，月平均为 15.5℃，最低曾达 2.8℃。

年平均降水量 1567.3 mm，多集中在 5～9 月，约占全年 56%。平均年降水天数 126 d。年最大降水量 2411.3 mm，最小降水量 743.6 mm。有雨季、旱季之分，每年 4～9 月为雨季，占年降水量的 80%左右。

茎龄为 3 个月、4 个月和 9 个月的铺地锦竹草来源于岭南师范学院草业实验基地；茎龄为 3 年和 10 年的铺地锦竹草来源于湛江市赤坎区中兴街 71 号屋顶。

在自然情况下采用盆栽实验，实验的基质为取自岭南师范学院水稻试验田的耕作层表层土壤和内蒙古羊粪（兴安牧场，内蒙古）。实验前将土样晾干、压碎，将两种基质 1:1 充分混合后，平铺在有网孔的塑料盘（长 60 cm×宽 24 cm×高 3 cm）中，塑料盘内垫一层透水纸，基质厚 1.5 cm。2015 年 7 月 23 日将生长基本一致的不同茎龄的铺地锦竹草分别移栽至塑料盘中，株行距为 5 cm×5 cm，前两周每天早晨、傍晚各浇水 1 次，两周后每隔 1 周浇 1 次水。实验采用单因素随机区组设计，每组重复 3 次。

3.3.1　铺地锦竹草茎生长速度的动态变化

铺地锦竹草茎生长速度变化趋势表明（表 3-6），扦插得到的铺地锦竹草茎的生长速度呈波动状态。用 3 个月、9 个月和 10 年茎龄繁殖的铺地锦竹草，茎的生长速度都呈上升–下降–上升–下降波动变化，4 个月茎龄的呈上升–上升–上升–下降波动变化，3 年茎龄的则呈上升–平稳–上升–下降波动变化。茎的平均生长速度快慢排序为：9 个月茎龄>3 个月茎龄>10 年茎龄>3 年茎龄>4 个月茎龄。9 个月茎龄的铺地锦竹草茎的生长速度比茎龄为 4 个月的快 15.7%。

表 3-6　不同茎龄繁殖的铺地锦竹草茎的生长速度

茎龄	生长速度/（cm/d）					
	8 月 21 日	9 月 4 日	9 月 18 日	10 月 2 日	11 月 16 日	平均
3 个月	0.29	0.46	0.34	0.45	0.28	0.393
4 个月	0.20	0.24	0.26	0.52	0.48	0.362
9 个月	0.27	0.56	0.38	0.43	0.31	0.419
3 年	0.23	0.31	0.31	0.52	0.40	0.380
10 年	0.27	0.39	0.32	0.44	0.40	0.390

3.3.2　铺地锦竹草分枝速度的动态变化

铺地锦竹草分枝速度变化趋势表明（表 3-7），不同茎龄的铺地锦竹草分枝速度趋势不同。3 个月茎龄的分枝速度呈上升–平稳–上升–上升波动变化，4 个月茎龄的分枝速度呈上升–上升–上升–下降波动变化，9 个月茎龄的分枝速度呈上升–下降-下降-上升波动变化；3 年茎龄的分枝速度呈上升-下降-上升-上升波动变化，10 年茎龄的分枝速度呈上升-平稳-下降-上升波动变化。平均分枝速度快慢排序为：10 年茎龄>9 个月茎龄>3 个月茎龄＝3 年茎龄>4 个月茎龄，差别很小，4 个月茎龄分枝速度比 10 年茎龄的慢 8.4%。

表 3-7　不同茎龄繁殖的铺地锦竹草的分枝速度

茎龄	分枝速度/（个/d）					
	8 月 21 日	9 月 4 日	9 月 18 日	10 月 2 日	11 月 16 日	平均
3 个月	0.17	0.25	0.25	0.35	0.41	0.309
4 个月	0.17	0.19	0.31	0.39	0.37	0.306
9 个月	0.16	0.49	0.39	0.15	0.27	0.314
3 年	0.17	0.31	0.26	0.34	0.36	0.309
10 年	0.13	0.41	0.41	0.26	0.35	0.334

3.3.3　铺地锦竹草盖度的动态变化

不同茎龄的铺地锦竹草盖度变化呈先上升、后下降、再上升的趋势（图 3-10）。7 月和 1 月铺地锦竹草的盖度最低，均为 30%，10 月中旬上升至整个物候期的最高值，平均达 95.0%，此时也逐渐进入开花期，随后茎的生长受阻，盖度开始呈现下降的趋势，到 1 月盖度降至最低。翌年春天，由于气温升高及连续的降雨，铺地锦竹草开始返青，盖度呈上升的趋势。由图 3-10 可知，在各时期，9 个月茎龄的铺地锦竹草的盖度都最大，其次为 3 个月茎龄的，4 个月、3 年和 10 年茎龄的盖度变化基本一致。

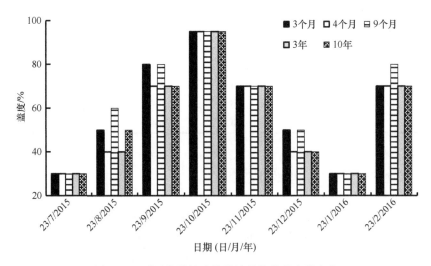

图 3-10　不同茎龄繁殖的铺地锦竹草盖度的变化

3.3.4　铺地锦竹草叶绿素含量的动态变化

不同茎龄繁殖的铺地锦竹草叶绿素的含量变化趋势表明（图 3-11），叶片叶绿素的含量变化呈先上升后降低趋势。8 月 27 日至 10 月 16 日铺地锦竹草叶绿素含量呈不断上升的趋势，在 10 月中旬叶绿素含量上升至最高值，而后叶绿素含量呈下降的趋势。在各时期，不同茎龄铺地锦竹草的叶绿素含量高低顺序大致为：4 个月茎龄>9 个月茎龄>3 个月茎龄>3 年茎龄>10 年茎龄。

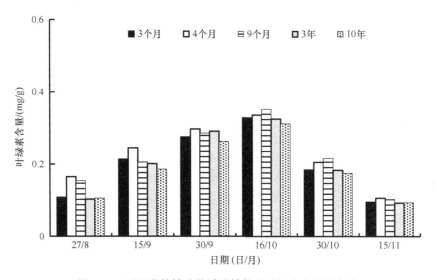

图 3-11　不同茎龄繁殖的铺地锦竹草叶绿素含量的变化

3.3.5　铺地锦竹草的物候期

铺地锦竹草在岭南师范学院草业实验基地的物候期情况为：8 月开始出苗后，至 9 月茎的生长速度较快；进入秋天时开始分枝，一般分枝数在 1～4 枝；进入初秋光照充足，开始开花；随着气温的降低，铺地锦竹草的老叶开始由上至下枯黄，至 12 月初大部分老叶都已枯黄倒伏；12 月底在栽植盘土层表面又长出少量翠绿色幼叶，叶片较小，长 6～8 mm、宽 3～4 mm。翌年春，铺地锦竹草新叶长势良好，由于有上层枯草的覆盖，下层铺地锦竹草有 50%的植株存活；3 月初，随着气温的升高及连续的降雨，铺地锦竹草开始返青。

7 月 23 日种植在岭南师范学院草业实验基地的铺地锦竹草，9 月底开始开花，至 10 月中旬结束，开花初期叶片为嫩绿色，后期变为淡白色，老叶开始由上至下枯黄，大约到 12 月初植株上部慢慢枯黄死亡，12 月至翌年 2 月进入枯萎期，部分茎进入休眠期，3 月初开始萌芽变绿。铺地锦竹草在岭南师范学院草业实验基地栽培时的绿期为 240～270 d，草坪景观在春、夏、秋三季均较好。

3.3.6 讨论

通过对铺地锦竹草生长速度和分枝速度的分析可知，在湛江地区，初春和初秋时铺地锦竹草的生长速度和分枝速度较快，易于在初春、初秋进行扦插繁殖。茎龄为 9 个月的铺地锦竹草生长速度和分枝速度较快。因此，茎龄为 9 个月的铺地锦竹草更适合扦插繁殖及大规模应用于屋顶绿化。

铺地锦竹草的盖度变化呈先上升后下降，再上升的趋势，且不同茎龄的铺地锦竹草在整个物候期中变化情况不同。盖度在 8 月、9 月逐渐上升，10 月中旬盖度达到最高，进入 11 月后，随着茎和叶的枯黄，盖度呈下降趋势，在翌年的春天开始返青。铺地锦竹草的绿期为 240～270 d，在 7 月种植的铺地锦竹草，草坪景观在春、夏、秋三季均为绿期。由于铺地锦竹草的花期短、绿期长，绿期与高温天气同步，在高温的夏、秋季可以覆盖屋顶，降低太阳对屋顶的辐射，起到降低顶楼温度的效果。

总之，综合分析生长速度、分枝速度、盖度、叶绿素含量和物候期，春季和秋季是铺地锦竹草生长旺盛的时期，而 9 个月是铺地锦竹草进行扦插的最佳茎龄。

参 考 文 献

董天英, 尹秀玲. 1992. 植物气孔在叶片上分布状况的观察. 生物学杂志, 25(4): 312-316.
何婷, 刘成洪, 杜志钊, 等. 2012. 气孔保卫细胞大小与油菜单倍体及二倍体倍性的相关性研究. 上海农业学报, (4): 42-45.
侯蕾, 陈龙俊. 2011. 盐胁迫对拟南芥叶片和下表皮细胞大小的影响. 安徽农业科学, (13): 7615-7616.
简曙光, 谢振华, 韦强, 等. 2005. 广州市不同环境屋顶自然生长的植物多样性分析. 生态环境, (1): 75-80.
李芳兰, 包维楷. 2005. 植物叶片形态解剖结构对环境变化的响应与适应. 植物学通报, 22(增刊): 118-127.
李中华, 刘进平, 谷海磊, 等. 2016. 干旱胁迫对植物气孔特性影响研究进展. 亚热带植物科学, 45(2): 195-200.
刘金祥, 张莹, 黎婷婷. 2013. 3 种香根草属植物叶表皮微形态特征研究. 草业学报, (1): 282-287.
马红, 陶波. 2008. 不同叶龄鸭跖草叶片显微结构观察. 作物杂志, (4): 39-42.
潘瑞炽, 钱家驹. 1953. 君子兰根被的初步研究. 植物学报, (4): 466-469.
潘瑞炽, 王小菁, 李娘辉. 2012. 植物生理学. 7 版. 北京: 高等教育出版社.
施先锋, 彭金光, 汪李平. 2009. 用西瓜叶片气孔保卫细胞叶绿体数鉴定西瓜染色体倍性. 湖南农业大学学报(自然科学版), (6): 640-642+663.

斯特恩. 1978. 植物学拉丁文(上册). 秦仁昌, 译. 北京: 科学出版社.

王书伟, 王巍, 李海侠, 等. 2010. 保卫细胞的光合作用在光调节的气孔运动中的功能. 植物生理学通讯, (5): 499-504.

吴正花, 喻理飞, 严令斌, 等. 2018. 三叶木通叶片解剖结构和光合特征对干旱胁迫的响应. 南方农业学报, (6): 1156-1163.

熊贤荣, 欧静, 龙海燕, 等. 2017. 干旱胁迫对桃叶杜鹃菌根苗叶肉细胞超微结构的影响. 东北林业大学学报, (12): 38-43.

杨惠敏, 王根轩. 2001. 干旱和 CO_2 浓度升高对干旱区春小麦气孔密度及分布的影响. 植物生态学报, (3): 312-316.

尤凤丽, 曲丽娜, 胡敏, 等. 2010. 委陵菜属植物叶表皮微形态及其与环境关系. 安徽农业科学, 38(23): 12424-12451.

于龙凤, 安福全, 李富恒. 2010. 茄果类蔬菜作物叶片表皮细胞数量性状的研究. 东北农业大学学报, (1): 73-76.

曾宪锋, 马金双, 曾庆宜. 2014. 洋竹草属——中国大陆新归化属. 广东农业科学, (7): 57-58+237.

曾彦学, 赵建棣, 王志强, 等. 2010. *Callisia repens*(Jacq.) L.(Commelinaceae), a newly naturalized plant in Taiwan. 林业研究季刊, 32(4): 1-6.

张泓, 陈丽春, 胡正海. 1992. 骆驼蓬营养器官的旱生结构. 植物生态学与地植物学学报, (3): 243-248.

赵瑞霞, 张齐宝, 吴秀英, 等. 2001. 干旱对小麦叶片下表皮细胞、气孔密度及大小的影响. 内蒙古农业科技, (6): 6-7.

中国科学院植物研究所. 2020. 洋竹草(*Callisia repens* Linnaeus). http://www.iplant.cn/info/Callisia%20repens[2020-08-23].

Bergamo S. 1997. A phylogenetic evaluation of *Callisia* Loefl. (Commelinaceae) based on molecular data. Athens: PhD thesis, The University of Georgia.

Cutler J M, Rains D W, Loomis R S. 1977. The importance of cell size in the water relations of plants. Physiol Plant, 40(4): 255-260.

Grabiele M, Daviña J R, Honfi A I. 2015. Cytogenetic analyses as clarifying tools for taxonomy of the genus *Callisia* Loefl. (Commelinaceae). Gayana Botánica, 72(1): 34-41.

Ristic Z, Cass D. 1991. Morphological characteristics of leaf epidermal cells in lines of maize that differ in endogenous levels of abscisic acid and drought resistance. Int J Plant Sci, 152(4): 439.

Zotz G, Schickenberg N, Albach D. 2017. The velamen radicum is common among terrestrial monocotyledons. Ann Bot, 120(5): 625-632.

第4章 铺地锦竹草抗逆性生理生态研究

植物体是一个开放系统，决定植物生长发育的因素包括遗传因素和环境因素，这两类因素控制着植物的内部代谢过程和状态，这些过程和状态又控制着植物生长发育的强度和方向。环境因素包括物理的、化学的和生物的生态因子。物理的生态因子，如辐射和温度；化学的生态因子，如水分、空气和无机盐等；生物的生态因子有动物、植物、微生物等（王三根和宗学凤，2015）。这些环境因素不是孤立的，而是共同对植物产生作用，并且不是恒定不变的，因此，植物体在生长过程中常常受到各种不利因素的影响，这种对植物产生伤害的环境称为逆境，又称胁迫（stress）。胁迫因素包括生物因素和非生物因素，生物因素有病害、虫害和杂草；非生物因素包括寒冷、高温、干旱、洪涝、盐渍、环境污染、矿质元素缺乏等。为应对各种不利因素，植物在长期进化过程中也形成了对逆境的适应性和忍耐能力，简称为植物的抗逆性（stress resistance）。植物的抗性生理就是研究逆境对植物生命活动的影响，以及植物对逆境的抵抗能力。

逆境会伤害植物，严重时会导致其死亡。逆境常常导致细胞脱水，破坏膜系统，使膜透性加大，细胞物质外泄。膜系统的破坏也使位于膜上的酶活性紊乱，导致各种代谢无序进行。逆境会使叶绿素降解，光系统破坏，从而使光合速率下降，同化物合成减少，组织缺水引起的气孔关闭，与光合过程酶失活或变性有关。呼吸速率也发生变化，其变化进程因逆境种类而异。冰冻、高温、盐渍和淹水胁迫时，呼吸速率逐渐下降；零上低温和干旱胁迫时，呼吸速率先升后降；感染病菌时，呼吸速率显著增高。此外，逆境诱导糖类和蛋白质转变的可溶性化合物增加，这与合成酶活性下降、水解酶活性增强有关（潘瑞炽等，2012）。

抗性是植物在对环境的逐步适应过程中形成的。如果长期生活在这种环境中，通过自然选择，有些有利性状被保留下来，并不断加强，不利性状不断被淘汰，植物即产生一定的适应能力。植物能采取不同的方式去抵抗各种胁迫因子，适应逆境，以求生存和发展。

植物有各种各样的机制，使它们能够在复杂的生存环境中生存和繁殖。对环境的适应（adaptation）以整个种群遗传的改变为特征，这种改变是经过许多代的自然选择而固定下来的，如沙漠中的植物只在雨季生长，阴生植物可在树荫下生长等。相反，植物个体对环境改变的反应（response）是通过直接改变生理或形态来实现的，从而使它们更好地在新环境中生存，后者不需要改变基因，如果植物个体的适应性随着反复暴露于新的环境条件而改善，那么这种反应就是适应。这种反应通常被称为表型可塑性（phenotypic plasticity），代表了个体在生理或形态上的非永久性变化，这种变化可以在当前环境条件改变时逆转（Taiz and Zeiger，2010），如通过改变自身的内环境，如更加发达的根系、增厚的角质层、叶片变小甚至退化、增加体内脱落酸（ABA）含量、形成胁迫蛋白、降低气孔开度及进入休眠等方式，来适应或抵抗逆境（王三根和宗学凤，2015）。因此，在植物应对环境变化时，如果涉及植物种群基因改变则属于植物对环境的适应，如果只涉及个体的生理或形态的变化则是植物对环境的反应，遗憾的是，我们常常把二者混为一谈。

已经遭受逆境胁迫的植株，则主要通过各种代谢反应来阻止、降低或修复逆境损伤，以维持植株正常的生理活动。受到逆境伤害的植株，生理和形态会发生显著变化，如遭受病虫害的植株出现叶斑，涝害的植株叶片黄化、根系褐变甚至腐烂，高温干旱导致植物发生萎蔫等。逆境往往首先使细胞膜变性、破裂，细胞的区域化被打破，导致原生质性质发生改变，进而影响各种细胞器的具体功能，所以生物膜和植物抗逆性关系密切。电镜观察得知，逆境下植物细胞膜系统会发生膨胀或破损，双分子脂膜的物理状态由液晶相转化为液相或凝胶相，膜出现裂缝，透性增大，胞内离子外渗，离子平衡被打破，结合在膜上的酶系统活性降低，有机物分解加剧（刘金祥等，2015）。

面对各种逆境胁迫，植物主要通过渗透调节物质，如增加无机离子（如 K^+）、脯氨酸、甜菜碱和可溶性糖等，来提高细胞液浓度以降低其渗透势，防止细胞内水分的散失，并增强细胞的吸水能力。这种在胁迫条件下，细胞主动形成渗透调节物质，提高细胞液浓度以适应逆境的现象称为渗透调节。渗透调节物质具有分子量小、易溶解、生成迅速、不易引起酶结构变化等优点，其含量的变化是植物对逆境的一种适应性反应。脯氨酸是最有效的渗透调节物质之一，各种逆境下植物体内都会积累脯氨酸，其中又以干旱时积累最多，脯氨酸可增加几十倍到几百倍。

植物对逆境的适应受遗传特性和植物激素的双重制约，它们分别通过控制基因的表达或代谢过程来影响植物的生理过程，以增强植物对逆境的抵抗能力。在各种逆境条件下，脱落酸（ABA）含量都会增加。脱落酸是一种胁迫激素，它主要通过诱导气孔关闭降低蒸腾速率、增强根的透性、提高水的通导性、增强根系吸水能力等来调节植物对环境胁迫的适应性。例如，温度低于 $8 \sim 10^{\circ}C$ 时，水稻幼苗叶片和黄瓜子叶中脱落酸含量显著增加，而且这些增加在细胞受害前就已经发生，这可能是由于低温增加了叶绿体膜对脱落酸的透性，触发了合成系统大量合成脱落酸；同时，低温也促使根部合成更多的脱落酸运到叶片，但将受过低温影响的植株转放在正常环境中后脱落酸水平则下降。在同一作物不同品种中，抗逆性强的品种在逆境情况下脱落酸含量较高，如在同等低温条件下，抗冷的粳稻内源脱落酸含量比不抗冷的籼稻高。实验表明，外施适当浓度（$10^{-6} \sim 10^{-4}$ mol/L）的脱落酸可以提高作物的抗寒、抗冷、抗盐和抗旱能力。例如，外施脱落酸可提高黄瓜子叶对盐渍（0.25 mol/L 的 NaCl 溶液）的抵抗能力。逆境条件下，植物增加的内源脱落酸含量与植物的抗逆性呈正相关。除脱落酸外，植物在遭受各种干旱、污染、物理刺激、化学胁迫和病害时，体内乙烯含量也会成数倍至数十倍增加。乙烯的产生可帮助植物减轻或消除逆境胁迫的损伤，加速器官衰老和枝叶脱落以减少蒸腾面积从而保持植物水分平衡。此外，乙烯还可提高与酚类代谢相关的酶类，如苯丙氨酸解氨酶、多酚氧化酶和几丁质酶等的活性，通过影响植物的呼吸代谢而直接或间接参与植物对逆境的抵御或伤害修复的过程。目前推测激素是植物抗逆基因表达的启动因素，逆境下植物内源激素平衡受到干扰，致使植物体内的代谢途径受到影响，而这些变化很可能是抗逆基因活化表达的结果。

逆境下植物的基因表达会发生改变，从而会关闭一些正常表达的基因并启动一些与逆境相适应的基因，通过产生各种逆境蛋白等物质来抵御不良环境因素的影响。当植物处于 40℃高温时，在正常温度下合成受阻的蛋白质，在高温诱导下可合成新蛋白质，这种蛋白质称为热激蛋白，形成热激蛋白的植物抗热性提高。从菠菜和甘蓝中获得的蛋白质抽提物，可减少冻融过程对类囊体膜的伤害；盐胁迫条件下，烟草悬浮培养细胞出现盐胁迫蛋白；淹水缺氧条件下，玉米苗产生新的厌氧多肽，能催化产生 ATP 满足植物需要，并调节碳代谢防止植物酸中毒。这种由高温、低温、病原菌、化学物质、紫外线等逆境诱导而形成并影响植株抗逆性的新蛋白质，称为逆境蛋白。逆境蛋白可在植物不同生长阶段或不同器官中产生，并存在于不同组织中，它在亚细胞中的定位较为复杂，可存在于细胞间隙、细胞壁、细胞膜、细胞核、细胞质及各种细胞器中，其中以质膜上的逆境蛋白种类最为丰富，而植物的抗逆性也往往与膜系统的结构和功能密切相关。

众所周知，氧对生命活动至关重要，好气植物同样离不开氧。然而，氧也会被活化，形成对细胞有害的活性氧。基态氧分子反应活性较低，但植物组织中通过各种途径产生的超氧自由基（$\cdot O_2^-$）、羟自由基（$\cdot OH$）、过氧化氢（H_2O_2）和单线态氧（$^1O_2$）等性质很活泼，是具有很强氧化能力的物质，称为活性氧（ROS）。活性氧对许多生物分子有破坏作用，其伤害机理主要是加速膜脂过氧化反应，降低保护性酶的活性，积累有害过氧化产物，如丙二醛等，破坏膜系统的完整性，从而引起一系列生理生化紊乱进而导致细胞死亡。超氧化物歧化酶（SOD）可消除·O_2^-，产生 H_2O_2，H_2O_2 又可被过氧化氢酶（CAT）和过氧化物酶（POD）分解，因此，SOD、CAT 和 POD 等统称为保护酶系统。正常情况下，植物细胞内活性氧的产生和清除处于一种动态平衡状态，自由基水平很低，不会伤害细胞，而当植物遭受胁迫时，活性氧积累较多，这个动态平衡就会被打破，这时细胞中保护酶的活性下降，膜脂过氧化产物增加，膜结构受到破坏。

铺地锦竹草（*Callisia repens*）是鸭跖草科锦竹草属的多年生小型常绿蔓性植物，可用于屋顶绿化，然而屋顶环境多变，种植的铺地锦竹草会受到多种逆境的胁迫，因此，研究铺地锦竹草的抗逆性生理，弄清逆境胁迫下铺地锦竹草的生理机制，对于铺地锦竹草的种植和推广具有重要意义。

4.1　铺地锦竹草耐旱性研究

植物常遭受的有害影响之一是缺水，当植物耗水大于吸水时，就使组织内水分亏缺。水分过度亏缺的现象，称为干旱（drought）。根据干旱形成的原因不同，可将干旱分为两种类型：①土壤干旱，这种情况主要是由于降水量过少，地下水位降低，土壤中水分不足导致根系吸水不足，打破植物水分的平衡；②大气干旱，这种情况主要是由于大气温度高而相对湿度低（10%～20%），大大促进植物的蒸腾作用，即使土壤水分充足，当蒸腾水量超过了吸水量时，也会导致植物受到干旱胁迫。

当耗水量大于吸水量时，植物组织就会出现水分亏缺，在亏缺严重的情况下，植物细胞将会过度失去水分，出现细胞皱缩而失去紧张性，叶片和茎的幼嫩部分下垂，这种现象称为萎蔫（wilting）。萎蔫可分为暂时萎蔫和永久萎蔫两种。例如，在炎夏的白天，蒸腾作用强烈，水分暂时供应不及，叶片和嫩茎萎蔫；到晚间，蒸腾作用下降，而吸水继续，消除水分亏缺，即使不浇水叶片和嫩茎也能恢复原状。这种靠降低蒸腾即能消除水分亏缺以恢复原状的萎蔫，称为暂时萎蔫（temporary wilting）。如果土壤已无植物可利用的水，虽然植物降低蒸腾但仍不能消除水分亏缺以恢复原状的萎蔫，称为永久萎蔫（permanent wilting）。永久萎蔫时间持续过久，植物就会死亡。

干旱对植物的伤害有以下几个方面的表现（潘瑞炽等，2012）：①各部位间水分重新分配，水分不足时，不同器官不同组织间的水分，按各部位的水势大小重新分配，水势高的部位的水分流向水势低的部位；②膜和细胞核受损伤，缺水时，正常的膜双层结构被破坏，出现孔隙，会渗出大量溶质；③叶片和根生长受抑制，缺水时，细胞的膨压降低，细胞开始收缩，叶片细胞的扩展受到抑制，根毛生长也受到影响；④光合作用减弱，光合作用对缺水特别敏感，缺水影响光合作用有两条途径，即气孔关闭和叶绿体结构改变；⑤活性氧的过度产生，缺水时，叶绿体、线粒体、过氧化物酶体和细胞壁等会产生大量的 ROS，过度的 ROS 会导致膜脂的过氧化和膜结构的破坏；⑥渗透调节，许多植物缺水时一个显著的反应是溶质累积，而使渗透势下降，这个过程称为渗透调节。

植物也可以对干旱作出响应，即植物都具有一定的耐旱性，耐旱性是指植物具有忍受干旱从而使受害最小的一种特性，这是植物对干旱胁迫的一种适应反应。不同的植物，其耐旱能力不同，即使同一植物，在不同的生长时期，其耐旱能力也存在差异。例如，沙枣、仙人掌等旱生植物的抗旱能力比芦苇、凤眼莲等水生植物要强。我国的旱害不只发生在北方干旱半干旱地区，年降水量大的南方湿润半湿润地区也会因雨量时空分布不均而经常发生强季节性干旱（王建革等，2004）。植物可通过以下几个方面提高其耐旱性。

（1）在形态结构方面，植物适应干旱环境往往具备的特征是根系发达而深扎，根冠比大（能更有效地利用土壤水分，特别是土壤深处的水分，并能保持水分平衡，根冠比越大越抗旱，反之不抗旱），较厚的叶片和角质层（减少水分蒸腾）及较大的叶肉细胞表面积等，可以增强储水能力，降低蒸腾速率，从而提高光合效率，最终表现出较强的抗旱性。

（2）在生理生化方面，植物通常具有较高的束缚水含量以提高抗旱能力；具有较高的保护酶活性以清除活性氧，保护膜系统；主动积累渗透调节物质，如游离脯氨酸、可溶性糖和可溶性蛋白，提高细胞液浓度和降低渗透势（抗过度脱水），以维持细胞膨压，使原生质与外界环境渗透平衡，使细胞的各种生理过程能正常进行；调节内源激素水平以响应环境变化，如根系感知土壤水分亏缺可以引发大量脱落酸（ABA）的合成，ABA 将信号传递到植物的地上部分以调控叶片气孔关闭，从而增强叶片的保水能力，使植物能更好地适应干旱胁迫（Sauter et al.，2002）。

（3）调控相关基因的表达，如诱导质膜上的水孔蛋白基因表达，合成水孔蛋白，有利于根系吸水和水分在体内的运输等。干旱应答基因的表达产物主要包括信号级联和转录调节蛋白（如蛋白激酶、蛋白磷酸酶和转录因子）、保护细胞膜的功能蛋白（胚胎发育晚期丰富蛋白、抗氧化蛋白、渗调蛋白）、与水通道和离子吸收相关的转运蛋白和糖转运蛋白等（赖金莉等，2018）。

4.1.1 聚乙二醇6000模拟干旱胁迫对铺地锦竹草的生理影响

用含聚乙二醇 6000（PEG 6000）的荷格伦特（Hoagland）培养液培养铺地锦竹草，设立 8 个 PEG 6000 浓度梯度：0、10%、20%、30%、40%、50%、60%和70%（g/mL），对应的溶液渗透势见表 4-1，每个浓度设置 3 个重复组，20 d 后高浓度处理的铺地锦竹草出现明显变化时，测定铺地锦竹草的各项生理指标。

表 4-1　PEG 6000 浓度与渗透势对照表

PEG 6000 浓度/%	渗透势/MPa
0	0
10	−0.15
20	−0.71
30	−1.42
40	−2.36
50	−3.54
60	−4.96
70	−6.61

4.1.1.1　聚乙二醇 6000 模拟干旱胁迫下铺地锦竹草的含水量

由图 4-1 可以看出，铺地锦竹草叶片含水量比茎的高（图 4-1a），除对照外，处理组茎的相对含水量均比叶片的高（图 4-1b）。

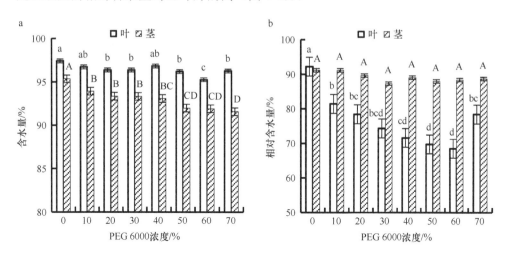

图 4-1　不同 PEG 6000 浓度处理对铺地锦竹草含水量的影响
不同小写字母和不同大写字母表示处理间差异显著（$P<0.05$），均值±标准差

由图 4-1a 可知，随 PEG 6000 浓度增加，叶片含水量呈下降趋势，20%、30%、50%、60% 和 70% PEG 6000 处理的叶片含水量均显著低于对照（$P<0.05$）；茎的含水量也随 PEG 6000 浓度上升呈下降趋势，与对照相比，各 PEG 6000 处理茎的含水量显著下降（$P<0.05$）。叶片的相对含水量随着 PEG 6000 浓度的增加先下降再上升，与对照组相比，处理组均达到差异显著性水平（$P<0.05$）；而茎的相对含水量变化不明显，维持在 88.01%～91.21%，与对照比较，差异均未达到显著水平（$P>0.05$）。

4.1.1.2 聚乙二醇6000模拟干旱胁迫下铺地锦竹草的细胞质膜相对外渗率

如图 4-2 所示，PEG 6000 模拟干旱胁迫条件下，铺地锦竹草的质膜相对外渗率均大于对照组，处理组质膜相对外渗率呈现上下波动现象。当 PEG 6000 浓度 ≥30%后，与对照组比较，质膜相对外渗率显著上升（$P<0.05$）。

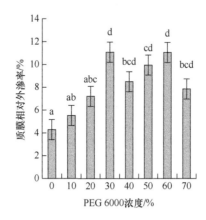

图 4-2　不同 PEG 6000 浓度处理对铺地锦竹草质膜相对外渗率的影响
不同小写字母表示处理间差异显著（$P<0.05$），均值±标准差

4.1.1.3 聚乙二醇6000模拟干旱胁迫下铺地锦竹草的丙二醛含量

根据图 4-3 可知，除了 30% PEG 6000 处理组外，10%、20%、40%、50%、60% 和 70% PEG 6000 处理的铺地锦竹草丙二醛（MDA）含量均大于对照组，但除 50%浓度组外，其余与对照组相比差异不显著（$P>0.05$）。

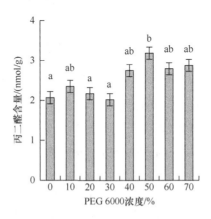

图 4-3　不同 PEG 6000 浓度处理对铺地锦竹草丙二醛含量的影响
不同小写字母表示处理间差异显著（$P<0.05$），均值±标准差

4.1.1.4　聚乙二醇 6000 模拟干旱胁迫下铺地锦竹草叶片的游离脯氨酸含量

由图 4-4 可知，PEG 6000 胁迫下铺地锦竹草叶片的游离脯氨酸（Pro）含量均高于对照，70% PEG 6000 处理的游离 Pro 含量急剧上升，显著高于对照（$P<0.05$）。

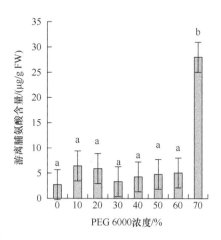

图 4-4　不同 PEG 6000 浓度处理对铺地锦竹草叶片游离脯氨酸含量的影响
不同小写字母表示处理间差异显著（$P<0.05$），均值±标准差

4.1.1.5　聚乙二醇 6000 模拟干旱胁迫下铺地锦竹草叶片的 POD 活性

如图 4-5 所示，随着 PEG 6000 浓度的增加，铺地锦竹草叶片的 POD 活性呈下降趋势，处理组与对照具有显著性差异。

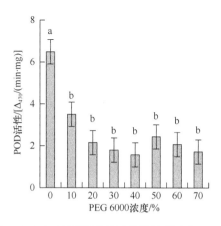

图 4-5　不同 PEG 6000 浓度处理对铺地锦竹草叶片 POD 活性的影响
不同小写字母表示处理间差异显著（$P<0.05$），均值±标准差

4.1.1.6 聚乙二醇 6000 模拟干旱胁迫下铺地锦竹草叶片的光合色素含量

如图 4-6 所示，PEG 6000 不同浓度处理的铺地锦竹草叶片的叶绿素 a、叶绿素 b、叶绿素和类胡萝卜素含量均低于对照，与对照相比，除浓度为 30% 的处理组外，其余处理组均显著低于对照（$P<0.05$）。

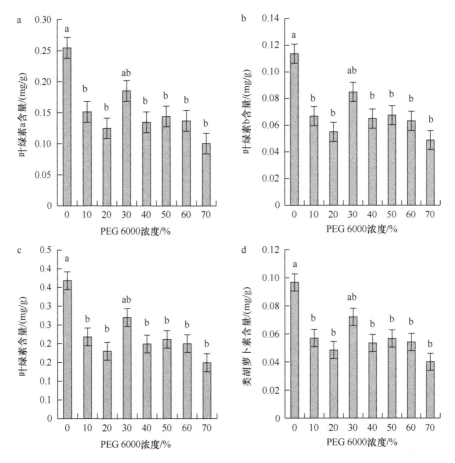

图 4-6　不同 PEG 6000 浓度处理对铺地锦竹草叶片光合色素含量的影响

不同小写字母表示处理间差异显著（$P<0.05$），均值±标准差

4.1.1.7 聚乙二醇 6000 模拟干旱胁迫下铺地锦竹草叶片的光合作用参数

如图 4-7 所示，铺地锦竹草的光合速率（P_n）、气孔导度（G_s）和蒸腾速率（T_r）随着 PEG 6000 浓度的升高均呈下降趋势，且显著低于对照（$P<0.05$）。随着干旱胁迫加剧，胞间 CO_2 浓度（C_i）逐渐上升，当 PEG 6000 浓度≥60% 时，C_i 显著高于对照。

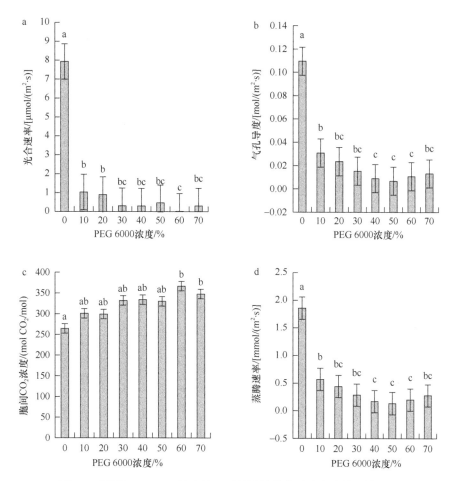

图 4-7　不同 PEG 6000 浓度处理对铺地锦竹草叶片光合作用的影响
不同小写字母表示处理间差异显著（$P<0.05$），均值±标准差

4.1.1.8　聚乙二醇 6000 模拟干旱胁迫下铺地锦竹草茎的伸长量与出叶数

如图 4-8 所示，在实验处理的 20 d 中，茎的伸长量和出叶数随 PEG 6000 浓度增大呈下降的趋势，且与对照组相比差异均达显著水平。

4.1.1.9　讨论

在植物抗旱性研究中，植物含水量是研究干旱对植物的生理影响及植物抗旱性的首要指标（彭民贵，2014）。研究表明，相对含水量可更好地反映植物的水分生理，在干旱胁迫条件下，抗旱性越强的植物，其相对含水量越高，随着干旱胁迫程度的加剧相对含水量的降幅变小（冯慧芳等，2011）。本研究结果表明随 PEG 6000 浓度升高，铺地锦竹草茎的含水量与叶片的相对含水量呈下降

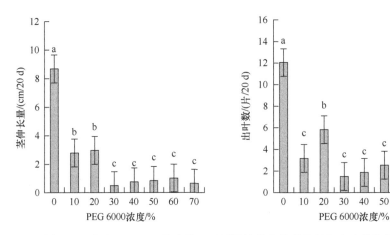

图 4-8 不同 PEG 6000 浓度处理对铺地锦竹草茎伸长量与出叶数的影响

不同小写字母表示处理间差异显著（$P<0.05$），均值±标准差

趋势。但用 PEG 6000 处理 20 d 的铺地锦竹草叶片相对含水量最大降幅仅为25.68%，而张磊等（2012）研究结果显示 70% PEG 处理大叶铁线莲 100 h，其叶片相对含水量的降幅达 78.78%；而 20% PEG 处理使耐旱性植物紫斑牡丹受到严重伤害（彭民贵，2014）。由此可见铺地锦竹草在受到极端干旱胁迫（−6.61 MPa）时，尚能保持相对较高的含水量（90%以上），原因可能是气孔关闭、蒸腾速率降低（图 4-7），说明它具有极强的耐旱能力。

植物细胞膜结构的稳定性是判断植物抗旱性的关键，大多数胁迫对植物细胞的影响最先反映于细胞的质膜（Alscher et al.，1997）。相对电导率表示植物细胞膜的相对透性，其大小可直观反映胁迫对于植物细胞膜结构的破坏程度；MDA 是植物细胞膜脂过氧化产物之一，与细胞内各种成分发生反应，从而造成胞内酶和细胞膜的严重损伤，可以反映植物细胞的受胁迫程度。本实验发现，PEG 6000 处理浓度等于或高于 30%后铺地锦竹草的质膜相对外渗率才显著大于对照组（图 4-2），这可能与 POD 活性的降低有关（图 4-5），但是，MDA 含量除 50% PEG 6000 处理外均与对照差异不显著（图 4-3），说明干旱对铺地锦竹草伤害程度较小。

许多研究表明，脯氨酸（Pro）是重要和有效的渗透调节物质，其含量会随着干旱胁迫程度的加剧而增高（陈霞等，2016）。本实验发现，在 10%~60% PEG 6000 浓度处理下，铺地锦竹草的游离脯氨酸含量与对照无显著差异，在 70% PEG 6000 处理下才急剧升高（图 4-4）。据报道 30% PEG 6000 处理 3 d 使花生幼苗叶片内的游离脯氨酸急剧上升（贺鸿雁等，2006）；一种抗旱性苜蓿的游离脯氨酸在土壤含水量<6.97%时急剧上升（沈艳和兰剑，2006）。铺地锦竹草在如此低的水势环境下游离脯氨酸不显著升高，首先可能是高含水量的稀释作用，其次是环境水势（−4.69 MPa）还不足以启动游离脯氨酸的产生，从侧面说明铺地锦竹草的抗旱能力很强。

植物叶片的光合色素变化可作为衡量植物光合作用能力强弱的一个重要生理指标，叶绿素含量的高低在一定程度上能反映叶片的光合能力（An et al.，2007）。本实验结果显示，干旱胁迫处理的铺地锦竹草叶片的叶绿素 a、叶绿素 b、叶绿素和类胡萝卜素含量均低于对照。可能是干旱胁迫使铺地锦竹草叶片的叶绿体结构遭到破坏，叶片内的叶绿素含量随叶绿体代谢失调而呈下降趋势，从而导致光合速率的下降（图 4-7a）。干旱是抑制植物光合作用最主要的环境因子之一，除因光合色素含量下降（图 4-6）导致光合速率降低外，光合作用还受气孔因素和非气孔因素影响（刘孟雨和陈培元，1990；王邦锡等，1992）。研究显示，如果 P_n、C_i 同时降低或升高，说明光合作用的抑制主要是受气孔因素影响（左应梅，2010）；如果 P_n 降低，而 C_i 却上升，则说明光合作用的下降主要受非气孔因素影响（张宪法等，2002）。本实验中，干旱胁迫下 P_n、G_s 和 T_r 呈下降趋势，C_i 随 PEG 6000 浓度增加而上升，说明非气孔限制因素占主导引起光合速率的下降。总之干旱胁迫下，叶绿体色素含量的下降和非气孔限制因素导致了铺地锦竹草光合速率的显著下降。

通常植物是通过改变自身生长状态来适应干旱环境的（Devnarain et al.，2016）。干旱条件下，植物减缓或停止生长是对干旱胁迫的响应策略（Zhu，2002）。据报道，植物减缓茎秆生长和具有较少的叶表面积可减少因极端环境使植物体内脱水而造成的致命伤害，因此植物的低速生长是对逆境的一种适应，并且可保持一定的水分供应，维持它们的生长和存活（李春阳，1998；李吉跃和朱妍，2006）；有研究表明，叶片数减少、株高降低有利于植物吸收水分和矿质营养，减少体内水分蒸发与能量的消耗，是植物适应干旱胁迫的一种应对策略（崔豫川等，2014）。本实验结果显示，茎的伸长量和出叶数随着 PEG 6000 浓度的递增而呈下降的趋势，可能原因是减少出叶数可以降低其蒸腾速率从而提高植物体内的相对含水量，茎伸长量降低可减少能量消耗，维持其在逆境的生长与存活，是铺地锦竹草适应干旱胁迫的"节流"措施。

综上所述，随着干旱胁迫程度的加剧，铺地锦竹草叶片和茎的含水量都下降，但通过关闭部分气孔，减少蒸腾失水，可维持较高的含水量；干旱胁迫下，虽然细胞膜系统受到一定伤害，但可通过启动体内的渗透调节机制和抗氧化系统，增强自身抵御干旱胁迫的能力，降低受伤害程度；干旱胁迫下，铺地锦竹草降低光合作用，减缓生长速度，以增强抵御干旱胁迫的能力，从而度过干旱期。

总而言之，铺地锦竹草在如此低的水势（-6.61 MPa）下能够存活，足以说明其具有极强的保水能力、自我调节能力及抗干旱能力。

4.1.2　持续干旱 50 d 对铺地锦竹草的生理影响

2015 年 7 月 10 日将生长基本一致的铺地锦竹草茎段分别移栽至有网孔的托

盘（长×宽×高=27 cm×19.8 cm×7.5 cm）中，铺地锦竹草株行距为3 cm×3 cm。20 d
后选取长势一致的盘栽铺地锦竹草放入恒温光照培养箱中，共16盘。培养箱设置
光照14 h，黑夜10 h，温度35℃。抗旱实验开始前，每2 d浇一次水，适应性生
长5 d后停止浇水。停止浇水后每隔10 d测定一次铺地锦竹草叶片内组织含水量、
叶绿素含量、游离脯氨酸含量、可溶性糖含量、细胞膜透性等生理指标。胁迫时
间分别设置为0 d（对照，CK）、10 d、20 d、30 d、40 d和50 d，每个处理设置
3个重复。

4.1.2.1　持续干旱50 d对铺地锦竹草叶片相对含水量的影响

由图4-9可以看出，随着干旱时间的逐渐延长，铺地锦竹草叶片的相对含水
量逐步降低。持续干旱20 d，叶片相对含水量与CK没有显著差异，干旱30 d后
相对含水量显著低于CK。处理前叶片的相对含水量为99.15%，干旱50 d后降为
93.06%，降幅为6.14%。

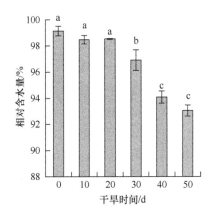

图4-9　干旱胁迫时间对铺地锦竹草叶片相对含水量的影响
不同小写字母表示干旱胁迫时间处理间差异显著（$P<0.05$），均值±标准差

4.1.2.2　持续干旱50 d对铺地锦竹草叶片游离脯氨酸含量的影响

由图4-10可以看出，随着干旱时间的延长，铺地锦竹草叶片脯氨酸的含量呈
逐步上升的趋势，各处理间达到显著差异。处理前的脯氨酸含量为2.48 μg/g，干旱
50 d的脯氨酸含量达83.92 μg/g，上升了32.8倍。

4.1.2.3　持续干旱50 d对铺地锦竹草可溶性糖含量的影响

由图4-11可以看出，随着干旱时间的延长，可溶性糖的含量呈逐步上升的趋
势，干旱20 d后的可溶性糖含量均显著高于CK。

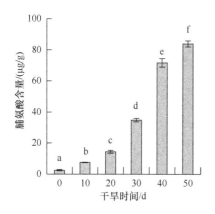

图 4-10 干旱胁迫时间对铺地锦竹草叶片
脯氨酸含量的影响

不同小写字母表示干旱胁迫时间处理间差异显著
（$P<0.05$），均值±标准差

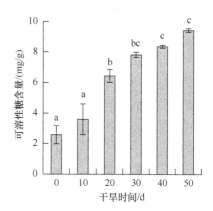

图 4-11 干旱胁迫时间对铺地锦竹草
可溶性糖含量的影响

不同小写字母表示干旱胁迫时间处理间差异显著
（$P<0.05$），均值±标准差

4.1.2.4 持续干旱 50 d 对铺地锦竹草质膜相对透性和质膜相对外渗率的影响

由图 4-12 可以看出，随着干旱时间延长，无论是质膜相对透性还是相对外渗率都呈上升趋势，干旱胁迫 30 d 时，二者都达到最大值，统计检验表明，此时的质膜相对透性和相对外渗率都显著高于 CK（$P<0.05$），此后二者表现都相对稳定。

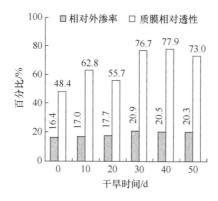

图 4-12 干旱胁迫时间对铺地锦竹草质膜相对透性及相对外渗率的影响

4.1.2.5 讨论

干旱胁迫严重影响植物的生长、发育和繁殖等生命活动，也是人们研究最多的逆境因子之一（谭永芹等，2011）。干旱胁迫影响植物的形态结构和生理功能，植物叶片含水量、游离脯氨酸含量、可溶性糖含量等指标的变化，常被用来判断植物抵御干旱胁迫的能力（汤聪等，2014）。

本实验结果表明，在干旱过程中，铺地锦竹草叶片组织相对含水量高低顺序为 CK>10 d>20 d>30 d>40 d>50 d，但持续干旱 20 d 内叶片的相对含水量与 CK 没有显著差异，即铺地锦竹草 20 d 不供水能保持体内水分平衡，说明铺地锦竹草抗旱能力强，从持续干旱 20 d 质膜相对透性还没有显著改变也可说明这一结论（图 4-12）。游离脯氨酸含量、可溶性糖含量和质膜相对透性随着干旱时间的延长而逐渐增加，说明在干旱胁迫下铺地锦竹草可积累渗透调节物质，提高细胞保水能力，增加抗旱能力。

总之，在连续干旱 20 d 内，铺地锦竹草的几项生理指标还没有发生显著改变，说明铺地锦竹草有较强的耐旱能力。

4.1.3 持续干旱 100 d 和复水对铺地锦竹草的生理影响

实验材料为铺地锦竹草，于 2016 年 4 月在岭南师范学院实验基地实地自然条件下进行无性繁殖。实验用的基质取自岭南师范学院水稻试验田的耕作层表土及内蒙古羊粪，实验前将土样晒干、压碎，并除去根系、碎石等再将两种基质以 1：1 充分混合，每盆（长×宽×高=27 cm×19.8 cm×7.5 cm）铺 1.5 cm 厚的种植基质。种植后常规管理，等量浇水。待生长状态稳定后，选取长势较好且一致的铺地锦竹草移至岭南师范学院生化楼 602 实验室的恒温光照培养箱内进行培养。恒温光照培养箱设置光照 14 h，黑夜 10 h，温度 35℃。干旱实验开始前，实验材料在恒温光照培养箱内进行适应性培养，3 d 浇水 1 次，待铺地锦竹草长满整个盆，停止浇水。在干旱胁迫 50 d、60 d、70 d、80 d、90 d 和 100 d 取样测定相关指标。干旱处理 100 d 后进行浇水恢复处理，复水 60 d 后测定相关指标。每个处理重复 3 次。

4.1.3.1 持续干旱和复水对铺地锦竹草含水量的影响

由图 4-13 可以看出，随着干旱时间的逐渐延长，铺地锦竹草叶片的含水量逐步递减。持续干旱 50 d 叶片含水量为 87.7%，干旱 100 d 时降为 75.9%。复水 60 d 后，叶片含水量升至 97.8%，显著高于干旱处理。

4.1.3.2 持续干旱和复水对铺地锦竹草叶绿素含量的影响

由图 4-14 可以看出，随着干旱时间的延长，铺地锦竹草的叶绿素含量呈下降趋势。其中干旱 50 d 的叶绿素含量为 0.95 mg/g，干旱 100 d 的叶绿素含量降至 0.45 mg/g，二者存在显著差异。复水 60 d 后，叶绿素含量升至 1.69 mg/g，显著高于干旱处理。

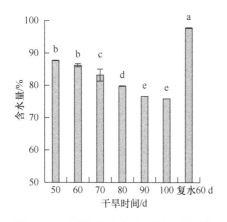

图 4-13 干旱胁迫和复水对铺地锦竹草
含水量的影响

不同小写字母表示干旱胁迫时间处理间差异显著
（$P<0.05$），均值±标准差

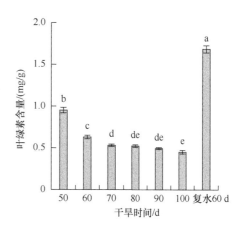

图 4-14 干旱胁迫和复水对铺地锦竹草
叶绿素含量的影响

不同小写字母表示干旱胁迫时间处理间差异显著
（$P<0.05$），均值±标准差

4.1.3.3 持续干旱和复水对铺地锦竹草质膜相对外渗率的影响

由图 4-15 可以看出，随着干旱时间的延长，质膜相对外渗率呈上升趋势，干旱胁迫 100 d 时，达到最大值（47.8%），显著高于干旱 50 d 时。复水 60 d 后，质膜的相对外渗率降至 22.4%，显著低于干旱处理。

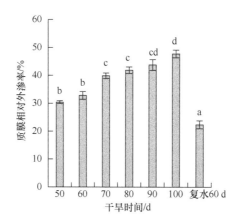

图 4-15 干旱胁迫和复水对铺地锦竹草质膜相对外渗率的影响

不同小写字母表示干旱胁迫时间处理间差异显著（$P<0.05$），均值±标准差

4.1.3.4 持续干旱和复水对铺地锦竹草可溶性糖含量的影响

由图 4-16 可以看出，随着干旱时间的延长，铺地锦竹草可溶性糖的含量显著上升，干旱 100 d 的可溶性糖含量是干旱 50 d 的 2.15 倍。复水 60 d 后，细胞可溶

性糖的含量降至 11.5 mg/g，显著低于干旱处理。

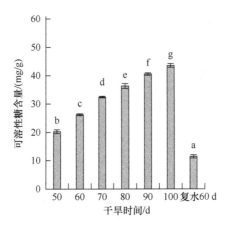

图 4-16　干旱胁迫和复水对铺地锦竹草可溶性糖含量的影响
不同小写字母表示干旱胁迫时间处理间差异显著（$P<0.05$），均值±标准差

4.1.3.5　干旱胁迫复水后铺地锦竹草的生长情况

干旱 100 d 后的铺地锦竹草叶片枯黄、萎蔫严重、茎秆干瘪，大部分叶片萎缩卷曲。将干旱后的铺地锦竹草进行复水实验，每 3 d 浇一次水（浇透），复水后的恢复情况见表 4-2，可见其恢复良好。复水后 15 d 植物长出叶芽，且叶片开始增厚；复水后 30 d，叶芽长成叶片，绿叶增多；复水后 45 d，叶片饱满有色泽，生长茂盛；复水后 60 d 叶片生长密度增大，植被盖度达 95%。

表 4-2　干旱胁迫复水后铺地锦竹草的生长情况

复水后天数/d	总盖度/%	生长状况
15	66	长出叶芽，干瘪叶片增厚，叶片上条纹明显，茎节上有细根长出
30	76	茎叶生长正常，茎变得饱满，上面有干瘪痕迹，叶芽长成叶片，绿叶增多
45	86	叶片生长茂盛，茎生长加快，叶片饱满有色泽
60	95	叶片密度增大，茎伸长，生长稳定

4.1.3.6　讨论

在干旱胁迫下，铺地锦竹草的含水量、叶绿素含量随着干旱时间的延长而下降，而质膜相对外渗率上升，说明干旱对铺地锦竹草产生一定伤害，然而铺地锦竹草可以利用积累的渗透调节物质，如可溶性糖（图 4-16）抵御干旱胁迫，降低伤害程度。持续干旱 100 d，复水后铺地锦竹草的含水量和叶绿素含量显著升高，快速恢复生长，复水 60 d 后恢复到正常生长状态。

总之，铺地锦竹草在长达 100 d 的持续干旱下能维持生命力，一旦复水后就能快速恢复生长，这种耐久旱而不死和复水而后生的特性，赋予铺地锦竹草用于屋顶绿化之优势。

4.1.4　持续干旱 170 d 对铺地锦竹草的生理影响

2017 年 8 月 10 日将生长基本一致的铺地锦竹草茎节，分别移栽至有网孔的托盘（长 60 cm×宽 30 cm×高 5 cm）中，铺地锦竹草株行距为 3 cm×3 cm，移栽后每隔 3 d 浇水 1 次。待铺地锦竹草生长情况稳定后，即 2017 年 9 月 25 日将其移栽至无孔的一次性塑料盒（长 23 cm×宽 12 cm×高 6 cm）中，而后转移至光照培养箱中，培养箱设置为：光照 14 h，温度 35℃；黑暗 10 h，温度 28℃。在干旱胁迫 100 d（2018 年 1 月 2 日）、110 d、120 d、130 d、140 d 和 170 d 取样测定相对含水量、叶绿素含量等生理指标。对每次取样后的材料进行浇水恢复处理，并定期对复水恢复后材料的生长状况进行观察。每个处理重复 3 次。

4.1.4.1　持续干旱 170 d 对铺地锦竹草叶片相对含水量的影响

由图 4-17 可以看出，随着干旱时间的逐渐延长，铺地锦竹草叶片的相对含水量逐步减少。持续干旱 100 d，叶片相对含水量为 44.2%，干旱 170 d 后降至 27.4%，显著下降。

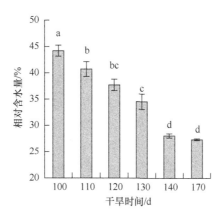

图 4-17　干旱胁迫时间对铺地锦竹草叶片相对含水量的影响
不同小写字母表示干旱胁迫时间处理间差异显著（$P<0.05$），均值±标准差

4.1.4.2　持续干旱 170 d 对铺地锦竹草叶绿素含量的影响

由图 4-18 可以看出，随着干旱时间的延长，铺地锦竹草的叶绿素含量显著降低。其中干旱 100 d 的叶绿素含量为 1.39mg/g，干旱 170 d 的叶绿素含量降至 0.58 mg/g，处理间存在显著差异。

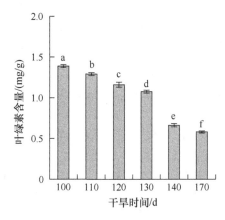

图 4-18　干旱胁迫时间对铺地锦竹草叶绿素含量的影响

不同小写字母表示干旱胁迫时间处理间差异显著（*P*<0.05），均值±标准差

4.1.4.3　铺地锦竹草干旱后复水恢复情况

由图 4-19 可知，随干旱胁迫时间的延长，铺地锦竹草萎蔫程度、叶片枯黄率和植株死亡率都增大。干旱胁迫 100 d 铺地锦竹草植株还保留较多绿叶，平均盖度约为 30%，部分茎节依旧挺拔；干旱胁迫 170 d 铺地锦竹草植株仍保留有较少绿叶，但植株茎节基本倒伏，盖度约为 8%。

干旱复水后，铺地锦竹草植株又恢复生长。对干旱胁迫 100 d、130 d 和 170 d 的铺地锦竹草进行复水处理，50 d 后的盖度可分别达 90%、80% 和 20%。

4.1.4.4　讨论

植物叶片含水量直接影响植物的各种生命活动，如气孔的闭合状态，光合作用的强弱及有机物的形成。对不同品种新西兰麻的抗旱性研究发现，所研究品种的新西兰麻的含水量均随干旱胁迫程度的加剧而减少（程宇飞和刘卫东，2017）。本实验结果显示，铺地锦竹草叶片相对含水量与干旱胁迫时间呈负相关关系，与上述研究的结果一致。在干旱胁迫后期（干旱 140～170 d），叶片相对含水量趋于稳定，表明铺地锦竹草逆境下维持生命活动所需的最低相对含水量维持在 27%～28%，如低于该水平，则铺地锦竹草植株将走向死亡。虽然干旱时间长，干旱胁迫程度大，但铺地锦竹草依旧能生长，证明其具有极强的生命力与抗旱性，是良好的耐旱植物。

叶绿素是植物光合作用所必需的，本实验的结果表明，随着干旱胁迫时间的延长，铺地锦竹草的叶绿素含量显著减少（图 4-18），这与 4 种芒属观赏草的研究结果一致（马芳蕾等，2016）。但即使在干旱 170 d 后还有 0.58 mg/g 的叶绿素含量，说明铺地锦竹草有很强的耐旱能力。

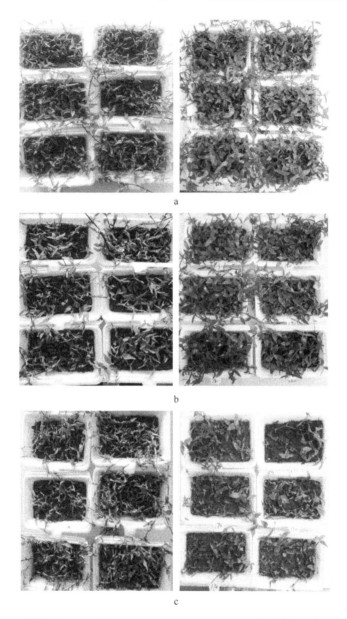

图 4-19　干旱胁迫 100 d（a）、130 d（b）和 170 d（c）的铺地锦竹草（左图）和
复水 50 d 后（右图）生长情况对比（彩图请扫封底二维码）

在缺水的情况下，植物通过降低叶片生长速率、叶卷曲和老叶脱落来减少叶
面积从而减少蒸腾失水（赵璞等，2016）。本研究结果显示，干旱胁迫下铺地锦竹
草叶片枯黄、卷曲严重，茎节干瘪倒伏，部分植株死亡，降低水分消耗，以此来
维持部分植株的生命力。

植物在遭遇干旱胁迫后,如果恢复供水,很多植物能恢复生长,但恢复的程度与植物的抗旱能力有关,抗旱能力强的恢复能力也强(鲁晓民等,2018)。本研究观察了复水前后铺地锦竹草的生长状况及盖度变化,对其恢复能力进行了初步判断,结果表明,恢复供水后,持续干旱期长达 170 d 的铺地锦竹草能恢复生长,恢复能力极好,证明铺地锦竹草生命力极强。

总之,铺地锦竹草在长达 170 d 连续干旱缺水环境下还能存活,复水后能快速恢复生长,说明铺地锦竹草具有极强的耐旱能力,可应对屋顶干旱环境,用于屋顶绿化。

4.1.5 持续干旱 210 d 对铺地锦竹草的生理影响

2018 年 6 月 1 日,取长势良好的铺地锦竹草,用解剖剪剪取含 2 个节的茎段,茎段形态学下端插入装有营养基质(土壤和羊粪 1∶1)的塑料盒(长 16 cm×宽 10.5 cm×高 3 cm)里,株行距为 3 cm×3 cm,共 45 盆。把塑料盒放入光照培养箱中培养(60% 光照 14 h,温度 35℃;黑暗 10 h,温度 28℃)。每隔 3 d 浇 1 次水(每次浇水使土壤含水量为 100%),待塑料盒里的铺地锦竹草总盖度为 100%(耗时 2 个月)时,停止浇水,培养箱条件不变,进行不同时长的持续干旱处理,持续干旱时长分别为 170 d、180 d、190 d、200 d 和 210 d,然后进行复水处理,每 3 d 浇水 1 次,并定期进行观察。

4.1.5.1 持续干旱 210 d 对铺地锦竹草叶片含水量的影响

铺地锦竹草干旱处理 170 d、180 d、190 d、200 d 和 210 d 后,其叶片含水量随着干旱处理天数的增加呈现逐渐下降趋势(图 4-20)。干旱胁迫 170 d 的铺地

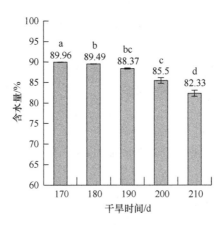

图 4-20　干旱胁迫时间对铺地锦竹草叶片含水量的影响

不同小写字母表示干旱胁迫时间处理间差异显著(P<0.05),均值±标准差

锦竹草含水量为 89.96%，干旱胁迫 210 d 后降至 82.33%，降幅达 8.48%，显著下
降（P<0.05）。

4.1.5.2　持续干旱 210 d 对铺地锦竹草叶绿素含量的影响

由图 4-21 可知，铺地锦竹草叶绿素的含量随着持续干旱时间的延长而逐步
降低，其中干旱 170 d 的叶绿素含量为 0.73 mg/g，干旱 210 d 的叶绿素含量降至
0.32 mg/g，降幅达 56.2%，达到显著差异（P<0.05）。

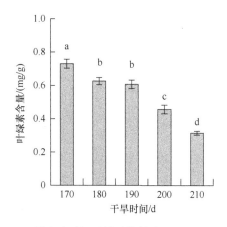

图 4-21　干旱胁迫时间对铺地锦竹草叶绿素含量的影响
不同小写字母表示干旱胁迫时间处理间差异显著（P<0.05），均值±标准差

4.1.5.3　持续干旱 210 d 对铺地锦竹草质膜透性的影响

质膜的透性可用相对电导率表示，相对电导率越大，质膜透性越大，说明质
膜受到的破坏也越大。由图 4-22 可知，铺地锦竹草质膜的相对电导率随持续干旱

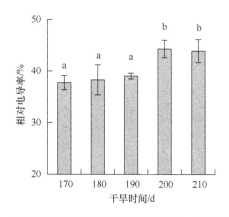

图 4-22　干旱胁迫时间对铺地锦竹草质膜相对电导率的影响
不同小写字母表示干旱胁迫时间处理间差异显著（P<0.05），均值±标准差

时间的延长呈上升趋势,从170 d的37.74%上升到210 d的43.94%。170~190 d 持续干旱的铺地锦竹草质膜的相对电导率差异不显著,200 d持续干旱则显著升高。

4.1.5.4 持续干旱210 d对铺地锦竹草可溶性糖含量的影响

由图4-23可知,随着持续干旱时间的延长,铺地锦竹草可溶性糖的含量不断增加,从170 d的3.48 mg/g上升到210 d的4.87 mg/g。持续干旱170~180 d的铺地锦竹草的可溶性糖含量差异不显著,持续干旱190 d的可溶性糖含量显著高于170 d的。

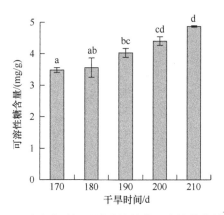

图4-23　干旱胁迫时间对铺地锦竹草可溶性糖含量的影响
不同小写字母表示干旱胁迫时间处理间差异显著($P<0.05$),均值±标准差

4.1.5.5 持续干旱210 d对铺地锦竹草游离脯氨酸含量的影响

由图4-24可知,随着持续干旱时间的不断延长,铺地锦竹草叶片中的游离脯氨酸含量逐步升高。持续干旱170~180 d的游离脯氨酸含量差异不显著,持续干旱190 d后的游离脯氨酸含量显著高于持续干旱170 d的。

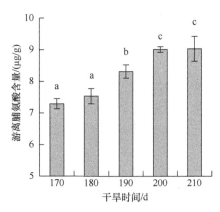

图4-24　干旱胁迫时间对铺地锦竹草游离脯氨酸含量的影响
不同小写字母表示干旱胁迫时间处理间差异显著($P<0.05$),均值±标准差

4.1.5.6　持续干旱 210 d 对铺地锦竹草盖度的影响

植被的盖度反映植被的茂密程度，以及进行光合作用的面积。盖度越大说明植物生长越好，越有存活优势。由图 4-25 可知，持续干旱时间越长，铺地锦竹草的盖度越小，且平均值都小于 50%。经过定期的观察发现，在持续干旱期间，铺地锦竹草的叶片逐渐枯黄，盒中间的叶子先干枯，盒壁四周的后干枯。干旱 170～200 d 的盖度差异不显著（$P>0.05$），持续干旱 210 d 后盖度显著降低。

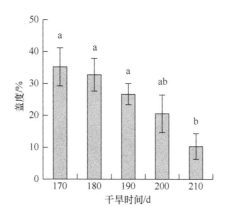

图 4-25　干旱胁迫时间对铺地锦竹草盖度的影响
不同小写字母表示干旱胁迫时间处理间差异显著（$P<0.05$），均值±标准差

4.1.5.7　持续干旱 210 d 对铺地锦竹草生长及复水存活率的影响

图 4-26 是铺地锦竹草干旱和复水后的对比照片，由图可知，随干旱胁迫时间的延长，铺地锦竹草植株萎蔫程度、叶片枯黄率和植株死亡率都增大。复水后，铺地锦竹草植株又恢复生长。复水 60 d 后的存活率见图 4-27，可知干旱处理天数越长，铺地锦竹草的存活率越低。干旱胁迫 170 d 的铺地锦竹草复水存活率为 88.9%，而干旱胁迫 210 d 的复水存活率降至 33.3%，降幅达 62.5%。

4.1.5.8　讨论

持续干旱下，植物的生长、发育等生命活动均受到严重影响，是人们研究最多的影响植物生长发育的逆境因子之一（杨好星等，2017）。持续干旱胁迫下，植物不仅形态结构发生变化，在生理方面也发生着相应的变化。叶片含水量能够直观反映植物水分状况，在一定程度上反映了植株的保水能力，是研究植物抗旱性的重要指标（王好运等，2018）。在本实验中发现，干旱胁迫时间越长，铺地锦竹草叶片的含水量越低，尽管含水量降低，但铺地锦竹草在干旱处理 210 d 后，还能维持 82.33%的含水量，说明铺地锦竹草是一种保水能力极强的植物。叶绿素

图 4-26　干旱胁迫 170 d（a）、180 d（b）、190 d（c）、200 d（d）和 210 d（e）的
　　　铺地锦竹草（左）和复水 60 d 后（右）生长情况对比（彩图请扫封底二维码）

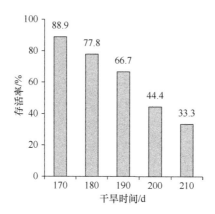

图 4-27　旱后复水 60 d 后铺地锦竹草的存活率

不同小写字母表示干旱胁迫时间处理间差异显著（$P<0.05$），均值±标准差

主要作用是协助植物将光能转化为化学能，把 CO_2 转化为储存能量的有机物，本实验研究结果显示，随着持续干旱时间的延长，铺地锦竹草叶片的叶绿素含量逐步降低。降解部分叶绿素，使植株延缓生长，这可能有利于铺地锦竹草抵抗干旱，维持生命力。持续干旱会对细胞膜造成损伤，使其透性增加、内部电解质外渗、相对电导率升高（吴金山等，2017）。本研究结果显示，在持续干旱条件下，铺地锦竹草质膜相对电导率先趋于稳定，变化无明显差异，而后再大幅度上升，说明随着持续干旱时间的增加，细胞受到的损害越来越大。植物可通过累积适量的溶质，如游离的脯氨酸、可溶性糖等来降低渗透势，进而维持植物体内的水分平衡，保证植物的正常生长（彭志红等，2002）。本实验研究结果表明，可溶性糖和游离脯氨酸的含量随干旱时间延长均上升，说明铺地锦竹草细胞可通过调节细胞溶质来抵抗干旱。

随着持续干旱时间的延长，铺地锦竹草的盖度逐渐降低，说明持续干旱对铺地锦竹草的生长起到阻碍作用。除了盖度受其影响外，植物的生长形态也表现出一系列的适应性变化。在持续干旱胁迫下最明显的变化是叶片卷曲萎蔫、植株矮小、铺地生长，进而影响植株对光能的吸收和减少植株的蒸腾作用。本次实验观察结果显示，持续干旱下铺地锦竹草叶片叶缘卷曲、叶片颜色逐步变淡最后枯黄；植株茎节干瘪倒伏、铺地生长。持续干旱时间越长，以上变化越明显，直至死亡。

研究表明，可通过对复水后植株的生长情况及生理特征等的变化来判定植物是否有适应持续干旱胁迫的能力（弓萌萌等，2019；周自云等，2011）。本研究依据复水后铺地锦竹草的叶片形态及植被的盖度等表型特征来对其恢复能力强弱进行初步的判定。复水后观察发现，植株叶片的颜色由浅绿色变为翠绿色再到深绿色，植物叶片的含水量大幅度上升，叶片变为肉质。植株的生长比干旱前更加匍匐，持续干旱时间越长，复水后的盖度恢复到 100% 所需的时间越长，这说明干旱持续的时间影响植株的恢复能力和存活率。观察发现，如果茎和根已经干枯了，只有茎顶端还留有些许绿叶的植株，复水后不能存活，可能原因有二：一是茎顶端太幼嫩，其节的生根能力低；二是茎顶端悬空，即使生根也不能下扎到土壤里，最终因不能从土壤获得水分而死亡。

综上所述，持续干旱处理 210 d 的铺地锦竹草，复水后的存活率为 33.3%，因此可推测铺地锦竹草在持续干旱下的存活时间至少为 210 d，说明铺地锦竹草有很强的耐旱能力。

4.1.6 受旱铺地锦竹草复水后恢复过程的研究

在带网孔的塑料盆（长×宽×高=50 cm×30 cm×8 cm）中铺上一层透水纸，其上铺一层 1～2 mm 椰糠和泥炭作为栽培基质。根据铺地锦竹草的生长特点（刘蕾，2012）及栽培方式（郑龙海等，2009），将铺地锦竹草的茎分段扦插，每段含 2～4 个节间，长 10～15 cm，取 5～7 个茎段放置在基质上，再铺上 3～4 cm 的基质，置于岭南师范学院草业实验基地培养。隔 1 d 浇 1 次水。培养 3 个月后，挑选长势相似的 10 盆铺地锦竹草置于第四教学楼屋顶塑料大棚，7 盆干旱处理，其余 3 盆正常浇水（对照组）。15 d 后，从干旱处理中随机选 3 盆进行复水处理（复水组），其余 4 盆继续干旱处理（干旱组）。

开始复水时，各取处理组的 3 个样本，每个样本随机选取 6 根铺地锦竹草，从顶芽往下数 5～6 片叶子，测量其茎的长度，做好标记。15 d 后再次测量相应标记的茎伸长量，并记录叶片数。每个样本先计算出茎的平均伸长量和平均叶片数增加量，据此可得到复水后 15 d 内茎平均伸长速度和平均出叶速度。

渗透势测定采用冰点渗透压法。每盆取长约 3 cm、叶片数 5～6 片的茎 1 根。用自来水和蒸馏水冲洗干净并擦干后，茎和叶分别放入离心分离柱中，套上离心管并盖上盖子，放入 −26℃ 冰箱 24 h。材料取出后在常温下解冻 20 min，将带分离柱的离心管放入离心机中，4000 r/min 离心 5 min，上清液收集在离心管中。用冰点渗透压仪（Osmomat 3000，Gonotec）分别测定铺地锦竹草的茎和叶的渗透势浓度（C），每个处理重复 3 次。按如下公式计算样本的渗透势（Ψ_s）（高俊凤，2006）。

$$\Psi_s = -RTC$$

式中，R 为气体常数，T 为绝对温度，C 为汁液的摩尔浓度。

4.1.6.1 复水后铺地锦竹草含水量的动态变化

由图 4-28 可知，正常生长时，铺地锦竹草叶的含水量比茎的高；干旱处理后，茎和叶的含水量都下降，二者的含水量接近；复水后，铺地锦竹草茎和叶的含水量呈持续升高的趋势。随复水时间的延长，茎的含水量缓慢增加，但 24 h内无明显差异，稳定在 93.6%～93.8%，2 d 后茎的含水量基本稳定在 94.2%，比对照组略低，是对照组的 99.6%，但与对照组没有显著差异（3d 除外）。复水后，叶的含水量在 2.5 h 前无显著差异，稳定在 93.2%～93.6%，2.5～24 h 叶的含水量呈快速上升的趋势，24 h 后基本保持不变，稳定在 96.8%左右，与对照组基本相同。

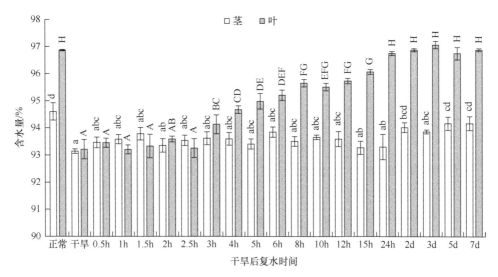

图 4-28　干旱后复水铺地锦竹草含水量随时间的变化

不同小写字母表示不同时间茎的含水量差异显著，
不同大写字母表示不同时间叶的含水量差异显著（$P<0.05$），均值±标准差

　　总之，干旱后复水，叶的水分含量恢复速度快于茎，复水 1 d 后叶的水分含量完全恢复到正常水平，复水 2 d 后茎的水分含量基本恢复到正常水平。

4.1.6.2　复水后铺地锦竹草渗透势的动态变化

　　由图 4-29 可知，正常生长时，铺地锦竹草叶的渗透势比茎高；干旱处理后，茎和叶的渗透势差异不明显；复水后，铺地锦竹草叶的渗透势呈持续升高的趋势。随复水时间的延长，茎的渗透势缓慢增加，但 0.5～2 d 无明显差异，基本稳定在-0.22～-0.20 MPa，3 d 后茎的渗透势基本稳定在-0.19 MPa，比对照组略低，是对照组的 94.7%。复水后，叶的渗透势在 0.5～3 h 无明显差异，基本稳定在-0.20～-0.16 MPa，其后呈快速上升的趋势，2 d 后稳定在-0.10 MPa，与对照组基本一致。

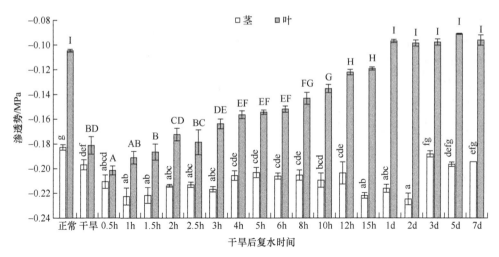

图 4-29 干旱后复水铺地锦竹草渗透势随时间的变化

不同小写字母表示不同时间茎的渗透势差异显著,
不同大写字母表示不同时间叶的渗透势差异显著（$P<0.05$）,均值±标准差

总之,复水后茎和叶的渗透势增加幅度不同,叶的平均增加幅度为 50%,而茎为 14%,叶的增加幅度远高于茎。

4.1.6.3 复水后铺地锦竹草的生长情况

由图 4-30 可知,干旱后复水 15 d 后,复水组的茎的平均生长速度为 4.52 mm/d,是对照组的 82.7%,但两者间没有显著差异,而干旱组的茎平均生长速度呈负增长,为–0.23 mm/d。复水组的平均出叶速度为 0.31 片/d,是对照组的 95.5%,但两者间没有显著差异,而干旱组停止产生新叶。

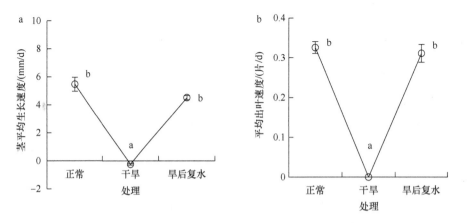

图 4-30 铺地锦竹草茎的平均生长速度（a）和出叶速度（b）

不同小写字母表示处理间差异显著（$P<0.05$）,均值±标准差

4.1.6.4　讨论

植物体内含水量的高低是判断植物水分状况的重要指标（Fang and Xiong，2015），同一植物的不同器官和不同组织的含水量差异也很大（Fahmy，1996；彭素琴，2010）。本实验结果显示，铺地锦竹草叶的水分恢复速度快于茎的水分恢复速度，复水 24 h 后叶的水分含量完全恢复到正常水平，复水 48 h 后茎的水分含量基本恢复到正常水平（图 4-28），比玉米（复水 5 d）（赵丽英等，2004）、波叶金桂（复水 6 d）（周欢欢等，2019）、鸭茅（复水 3 d）（季杨等，2017）等植物的水分恢复速度快。铺地锦竹草比其他植物水分恢复快的可能原因有：首先，铺地锦竹草叶片肉质化，表面有蜡质光泽和细短柔毛（郑龙海等，2009），保水能力强。吴琼峰等（2010）和刘梦娴等（2015）发现，干旱胁迫后，耐旱性强的植物能维持较高的相对含水量，本实验中，干旱 15 d 后铺地锦竹草的茎、叶还能保持 90%以上的含水量，为复水后的快速水分恢复打下基础。其次，干旱导致茎、叶渗透势大幅降低（图 4-29），水势降低有利于根、茎和叶的吸水。最后，铺地锦竹草植株较矮小，高 15～30 cm，且为匍匐性半直立生长，可缩短水分输送的距离，也有利快速复水。铺地锦竹草的叶比茎水分恢复快的原因可能是叶的储水细胞多于茎，这有待进一步研究。总之，铺地锦竹草是一种干旱后能快速恢复水分的植物。

渗透调节有维持细胞膨压和一定的气孔导度（崔震海等，2007；沈艳和谢应忠，2004）、保持植物的持续生长、缓解植物衰老（钱永生和王慧中，2006）等功能。本实验结果显示，旱后铺地锦竹草的渗透势大幅降低（图 4-29），既有利于保持水分，又有利于复水后快速吸水。复水后，铺地锦竹草的茎和叶的渗透势均呈增加趋势，叶的增加幅度大于茎，与赵丽英等（2004）和刘婷婷等（2018）的研究结果相似。复水后，铺地锦竹草的茎和叶的渗透势能在短期内增加至对照水平，并在复水 2 d 后基本保持稳定，是因为茎、叶的水分含量增加（图 4-28），稀释了渗透调节物质，使渗透势增加。

干旱胁迫解除后，植物会出现生长补偿效应，是复水后最直观的补偿方式，表现为短暂的生长加速（董宝娣等，2004），以补偿因缺水而造成的伤害（刘梦娴，2015；张静鸽等，2020），使植物逐渐恢复到正常水平。本实验结果显示，随着复水时间延长，铺地锦竹草生长速度越来越快，复水后约 15 d，复水组的生长速度快于对照组的生长速度，与韩建民（1990）和肖凡等（2019）的研究结果基本一致。铺地锦竹草复水后生长速度加快的原因可能是：干旱时根系脱落酸合成增加（刘丹等，2003），抑制了茎和叶细胞壁的延展性，使其生长速率下降，减少水分散失，并将更多的资源分配到地下部分（Guo et al.，2007），为复水后茎和叶的生长提供物质基础。水分胁迫解除后，植物体内的脱落酸浓度降低，解除了对茎和叶的抑制作用，且植物重新把资源分配到地上部分，促进茎和叶的补偿生长。随着铺地锦竹草体内的含水量逐渐升高并恢复正常，细胞的膨压逐渐增加，有利于细胞体积增大（Picotte et al.，2009）和细胞的分裂，细胞的代谢活动加快；水分恢复后，叶片的气孔重新打开，细胞内的 CO_2 浓度增加（肖凡等，2019；赵孟良等，2019），蒸腾作用加强（周磊等，2011），加快水分向叶片运输，使光合作用加强，有利于淀粉等营养物质的积累，为复水后细胞的分裂和生长提供了物质基础。

综上所述，水分胁迫 15 d 后，铺地锦竹草的茎和叶停止生长，含水量和渗透势均降低。复水后，铺地锦竹草茎和叶的含水量与渗透势均快速上升，复水 1 d 后叶的含水量和渗透势恢复到对照水平，复水 2 d 左右茎的含水量和渗透势恢复到对照水平。复水 15 d 后茎的平均生长速度与对照没有差异，考虑到复水后有一个生长恢复期，恢复生长以后的某一时期茎和叶的生长速度应该比对照快，说明受旱铺地锦竹草复水一段时期后存在超补偿生长现象。

4.2 铺地锦竹草耐涝性研究

植物涝害（flood injury）是指土壤水分超过正常田间持水量，即土壤中的气相被液相取代，导致植物组织和土壤之间的气体交换减少，对植物造成一定程度损害的现象（王宝山，2010）。近年来，由于自然资源的不合理利用，气候条件不断恶化，环境问题日益严重，导致全球极端天气事件频发，洪涝灾害现象明显增多。中国是一个洪涝灾害频发的国家，尤其以长江中下游平原和黄淮平原最为严重，占全国总受灾面积的 3/4 以上（刘周斌等，2015）。

水涝影响植物的形态。根系是遭受水涝胁迫的直接器官，短期水涝胁迫会诱导植物根系变粗变壮，而长时间的水涝胁迫则会出现主根根长变短、侧根变稀疏、根尖变褐、根系活力降低等现象，严重时甚至会因为沤根而萎蔫、死苗。植物在水涝胁迫下，新叶的形成受到抑制，老叶脱落速度加快，植株总叶面积减少；同时，气孔导度下降，气体流通受阻，蒸腾作用减弱，相对含水量降低，叶片出现不同程度萎蔫。此外，植物叶绿素合成相关酶活性降低，合成能力减弱，叶绿素含量随之减少，花色苷含量上升。叶片发红发黄，颜色暗淡，光合速率下降，影响植株正常生长。

水涝也影响植物的生理生化（刘周斌等，2015）：①水涝影响植物代谢，水涝胁迫促使土壤层氧气减少，导致植物体内有氧呼吸被抑制，无氧呼吸增强，一旦线粒体呼吸被抑制，受涝的植物细胞就会快速耗尽可以利用的 ATP，水涝胁迫下，植物根系的氧气供应受阻，植物只能进行无氧呼吸，但无氧呼吸过程中糖酵解的终产物丙酮酸不能进一步氧化分解产生能量，而是在无氧条件下转化为乳酸和乙醇，无法通过三羧酸循环（TCA）进一步转化为植物所需的能量，有机物质耗损大，能量生成少，供求平衡被破坏；②水涝影响植物体内渗透调节物质，包括脯氨酸、可溶性糖、淀粉及游离氨基酸等，水涝胁迫会使植物体内渗透平衡受到破坏，质膜透性增加，渗透压升高，植物为抵抗这种逆境，细胞内会产生脯氨酸等渗透调节物质维持正常的细胞膨压；③对植物保护酶系统的影响和有毒物质积累，植物体内存在一套维持着植物体内活性氧（ROS）产生与清除的动态平衡状态的保护酶系统，当逆境胁迫打破这种动态平衡状态后，植物体内出现代谢紊乱及电子渗漏，ROS 的产生加剧，导致·O_2^-、OH^-、H_2O_2 等活性氧的积累，从而破坏膜的选择透性并由此引发和加剧膜脂过氧化作用，导致植物细胞受到伤害，甚至植株死亡，丙二醛（MDA）是 ROS 持续积累引起的自由基链式反应的低级氧化产物，其含量的高低反映了 ROS 对植物的毒害水平，能使细胞膜上的蛋白质、生物酶等失活，破坏生物膜的结构与功能，影响细胞正常的物质代谢。

此外，涝害时土壤的好气性细菌（如氨化细菌、硝化细菌等）的正常生长活动受到抑制，影响矿质营养供应；相反，土壤厌气性细菌（如丁酸细菌）活跃，增加土壤溶液的酸度，降低其氧化还原势，使土壤中形成大量有害的还原性物质（如 H_2S、Fe^{2+}、Mn^{2+}等），使必需元素 Mn、Zn、Fe 等易被还原流失，造成植株营养缺乏（潘瑞炽等，2012）。

环境能影响植物，植物也能适应环境。植物对涝害的适应表现在形态结构上和生理代谢上。在形态结构方面，植物通过产生通气组织、形成不定根及茎叶延伸生长等适应淹水环境。产生通气组织是植物的一种重要的避缺氧机制，植物在淹水缺氧下之所以能诱导根部通气组织形成，可能是植物受水涝后，体内乙烯响应因子（ERF）大量表达，促进乙烯合成，促进纤维素酶活性提高，同时根皮层细胞因水涝缺氧而死亡解体，形成空腔，从而导致通气组织的形成和发展（邓祥宜等，2009）。产生不定根的多少反映植物适应水淹能力的高低，是许多旱生植物耐涝基因型的重要标志。水涝后植物根系会诱发不定根的形成，因为在受涝后，植物体内乙烯大量合成，而乙烯能增强生根组织对生长素的敏感性，同时阻断生长素的下输使之局部积累于接近水面的茎部，从而导致接近水面的茎部皮孔组织增生和形成不定根。也有研究认为，不定根的产生与过氧化物酶活性有关，可能是水涝胁迫下过氧化物酶活性升高，从而诱发了不定根的形成。还有研究认为，在厌氧环境下许多植物初生根受到伤害或死亡，但在靠近地面处能产生许多新生的小定根，这一现象被认为是由于近地表氧分压较高所致（王文泉和张福锁，2001）。在淹水缺氧下，乙烯不仅可以诱导通气组织和不定根的产生，也可以调节水生植物茎叶的延伸生长，从而使水生植物获得更多的光合面积，茎叶伸出水面完成生殖过程，这也是植物避缺氧的一种机制。在生理代谢方面，植物对涝害的适应方式有 3 种（王文泉和张福锁，2001）。首先，启动无氧呼吸，缺氧触发植物的糖酵解过程，首先表现为乳酸脱氢酶活性升高，乳酸发酵，当胞质中 pH 达到 6.8 时，乙醇脱氢酶与丙酮酸脱羧酶被激活，立即进入乙醇发酵途径，植物自动以还原性中间代谢产物为末端电子受体，能效显著降低，每分子 6 碳糖，只产生 2 分子 ATP，它可作为一种补救途径以维持细胞存活。其次，平衡代谢的途径，除了糖酵解与发酵代谢外，目前发现一些耐渍类型植物在厌氧条件下还存在多条呼吸代谢途径，这种方式能缓冲细胞质的酸化和避免单一代谢末端产物的积累。最后，启动抗氧化机制，逐渐积累的活性氧自由基诱使细胞内抗氧化机制做出应激响应，产生多种抗氧化剂，如抗坏血酸（V_C）、谷胱甘肽（GSH）等，抗氧化酶类，如超氧化物歧化酶（SOD）、过氧化氢酶（CAT）及与抗氧化物质合成有关的脱氢抗坏血酸还原酶（DHAR）等。

随着全球气候危机的进一步恶化，局部地区暴雨、洪涝灾害频繁发生，水淹成为植物遭受的主要逆境之一（潘澜和薛立，2012）。我国是一个洪涝灾害比较严重的国家，大约有 2/3 国土面积存在不同程度的涝害（赵可夫，2003）。水淹胁迫使植物处于周期或长期的厌氧或缺氧状态，限制植物的有氧呼吸和维持生命活动所需的能量产生，导致土壤还原势的降低和有毒物质的积累，从而对植物的生存构成严重威胁（谭淑端等，2009）。研究植物在淹水胁迫过程中的生理变化，对选择耐淹植物种类，改善涝害地区的生态环境具有十分重要的意义（许容榕等，2017）。

铺地锦竹草的植株匍匐性好、繁殖容易，生长迅速、扩展能力强，建坪与养护费用低且病虫害少，目前已作为一种重要的耐阴性地被植物应用于屋顶绿化（李钱鱼等，2016；郑龙海等，2009）。此外，铺地锦竹草的草皮生产一般是在地面进行的，容易遭遇积水。屋顶的种植层比较薄，土壤的蓄水性能相对较差，一旦遇到雷暴雨天气，其土壤容易出现积水的情况（曹理智，2018；赵路，2019）。本实验以铺地锦竹草为研究对象，设置室外对照（不淹水）与淹流动水（活水）、淹不流动水（静水）和淹泥水（泥水）3 种淹水胁迫环境，分析研究不同淹水方式对铺地锦竹草的生长和生理指标的影响，为铺地锦竹草的栽培和推广提供参考。

2019 年 8 月 7 日选取 4 盆（直径 50 cm×高 30 cm）生长状况良好且长势一致的铺地锦竹草作为实验材料，修剪掉枯死的茎叶后，用棉线十字交叉平分 4 等分，并插上标签，放入塑料大盆中（直径为 75 cm，高为 25 cm），置于岭南师范学院第四教学楼实验楼三楼的走廊。淹水处理分为：活水（用小水管不间断注水，使水盆中的水处于不断流动和置换的活水状态）；静水（注水后不换水）和泥水（注水后加入 500 g 泥土，并每天搅拌 3 次），所有处理的植株完全淹没在水下。以不淹水作为对照组，每隔两天浇适量的水。淹水胁迫处理 4 d 后测定各项生理指标。

解除淹水胁迫 20 d 后，将室外对照和各处理的铺地锦竹草一起拍照记录，利用图像分析软件 Image-Pro Plus 6.0，选取等面积的区域，进行红（R）、绿（G）、蓝（B）三基色的光密度分析，通过计算得出绿光密度占三基色光密度总和的比例。通过比较各种处理铺地锦竹草的绿光密度占比，分析室外对照和各处理的铺地锦竹草在实验后的存活率。

4.2.1　淹水方式对铺地锦竹草 SOD 活性的影响

如图 4-31 所示，淹水 4 d 后，活水处理组的 SOD 活性比对照高 9.70%，但二者之间没有显著性差异，而静水和泥水处理组的 SOD 活性均显著低于对照，分别下降了 60.07% 和 61.19%。此外，静水和泥水处理间差异不显著。

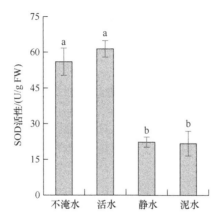

图 4-31　淹水方式对铺地锦竹草 SOD 活性的影响
不同小写字母表示处理间差异显著（$P<0.05$），均值±标准差

4.2.2　淹水方式对铺地锦竹草 POD 活性的影响

如图 4-32 所示，淹水 4 d 后，活水处理组的铺地锦竹草 POD 活性比对照高 9.26%，但二者之间差异不显著。静水处理和泥水处理组的 POD 活性显著低于对照，分别下降 24.65% 和 11.02%。

4.2.3　淹水方式对铺地锦竹草丙二醛含量的影响

如图 4-33 所示，淹水 4 d 后，活水、静水和泥水处理组铺地锦竹草的丙二醛含量呈现递增趋势。活水处理组的丙二醛含量比对照高 1.54%，但二者之间没有显著性差异，而静水和泥水处理组的丙二醛含量均显著高于对照，分别上升了 34.49% 和 49.18%。此外，静水和泥水处理间差异不显著。

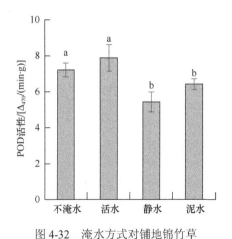

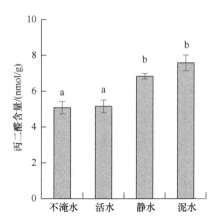

图 4-32　淹水方式对铺地锦竹草
POD 活性的影响
不同小写字母表示处理间差异显著（$P<0.05$），
均值±标准差

图 4-33　淹水方式对铺地锦竹草
丙二醛含量的影响
不同小写字母表示处理间差异显著（$P<0.05$），
均值±标准差

4.2.4　淹水方式对铺地锦竹草可溶性糖含量的影响

如图 4-34 所示，淹水 4 d 后，活水、静水和泥水处理组铺地锦竹草的可溶性糖含量均显著低于对照，分别下降了 31.87%、81.63% 和 77.55%。此外，静水和泥水处理间差异不显著。

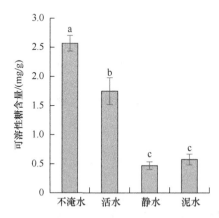

图 4-34　淹水方式对铺地锦竹草可溶性糖含量的影响
不同小写字母表示处理间差异显著（$P<0.05$），均值±标准差

4.2.5　淹水方式对铺地锦竹草游离脯氨酸含量的影响

如图 4-35 所示，淹水 4 d 后，活水和泥水处理的铺地锦竹草游离脯氨酸含量

均比对照高，分别上升了 73.92%和 36.29%，但二者与对照之间均没有显著性差异。静水处理组的游离脯氨酸含量显著高于对照，上升了 158.60%。此外，活水、静水和泥水处理间差异不显著。

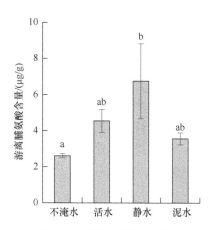

图 4-35　淹水方式对铺地锦竹草游离脯氨酸含量的影响

不同小写字母表示处理间差异显著（$P<0.05$），均值±标准差

4.2.6　淹水方式对铺地锦竹草光合色素含量的影响

如图 4-36 所示，淹水 4 d 后，活水处理组铺地锦竹草的叶绿素 a 含量比对照低 18.19%，但二者之间没有显著性差异，而静水和泥水处理组的叶绿素 a 含量显著低于对照，分别下降了 64.02%和 50.52%，此外，静水和泥水处理间叶绿素 a 含量差异不显著。活水处理组的叶绿素 b 含量比对照低 21.14%，但二者之间没有显著差异。静水和泥水处理组的叶绿素 b 含量均显著低于对照，分别下降了 55.25%和

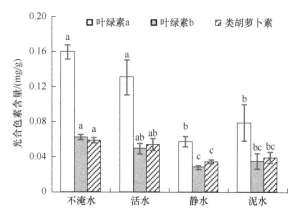

图 4-36　淹水方式对铺地锦竹草光合色素含量的影响

不同小写字母表示处理间差异显著（$P<0.05$），均值±标准差

43.84%。此外，泥水与活水、静水处理间的叶绿素 b 含量都没有显著差异。活水处理组的类胡萝卜素含量比对照低 8.17%，但二者之间没有显著性差异，而静水和泥水处理组的类胡萝卜素含量均显著低于对照，比对照分别下降了 41.19% 和 33.14%。此外，泥水与活水、静水处理间的类胡萝卜素含量都没有显著差异。

4.2.7　淹水方式对铺地锦竹草质膜相对外渗率的影响

如图 4-37 所示，淹水 4 d 后，活水、静水和泥水处理组的质膜相对外渗率呈现递增的趋势。活水处理组的相对外渗率比对照低 33.58%，但二者之间没有显著差异，而静水和泥水处理组的电解质相对外渗率均显著高于对照，分别上升了 250.56% 和 323.63%。此外，静水和泥水处理间差异不显著。

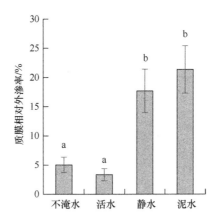

图 4-37　淹水方式对铺地锦竹草质膜相对外渗率的影响

不同小写字母表示处理间差异显著（$P<0.05$），均值±标准差

4.2.8　淹水方式对铺地锦竹草渗透势的影响

如图 4-38 所示，对照和处理组中叶的渗透势均高于茎的渗透势。淹水 4 d 后，活水、静水与泥水处理组的叶和茎的渗透势均呈现递增的趋势，都比对照高。活水和静水处理组茎的渗透势均高于对照，分别上升了 2.86% 和 4.66%，但二者与对照之间均没有显著差异。泥水处理组的茎的渗透势显著高于对照，增幅为 12.03%。此外，活水和静水处理间茎的渗透势差异不显著。活水、静水和泥水处理组叶的渗透势均显著高于对照，分别上升了 11.46%、36.31% 和 61.15%。

4.2.9　淹水方式对铺地锦竹草生长的影响

淹水 4 d 后，从铺地锦竹草的颜色来看，淹活水的稍微比对照的黄，淹静水的明显变黄，而淹泥水的植株大部分枯死。解除水淹 20 d 后淹活水的与对照植株看不出差异，淹静水的仅有零星几株存活植株，而淹泥水的已全部死亡（图 4-39d）。

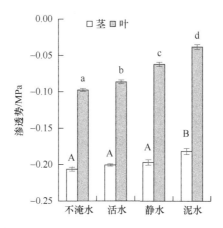

图 4-38　淹水方式对铺地锦竹草渗透势的影响

不同大、小写字母表示处理间差异显著（$P<0.05$），均值±标准差

图 4-39　淹水前后铺地锦竹草的生长情况（彩图请扫封底二维码）

a. 选定材料；b. 淹水处理；c. 刚刚解除淹水处理；d. 解除水淹 20 d 后。从左到右：活水、静水、泥水、不淹水

　　三原色理论认为，任何一种颜色的光，都可看成红（R）、绿（G）、蓝（B）3 种颜色的光按一定比例的组合（刘超等，2015）。淹水实验结束 20 d 后，以绿光密度的占比来表示存活率的情况，软件分析结果如图 4-40 所示。活水、静水和泥水处理组的铺地锦竹草绿光密度占比均低于室外对照，与对照比较分别下降了 5.19%、25.76% 和 27.89%，说明淹活水对铺地锦竹草的影响最小，淹泥水伤害最大，与外观形态一致。

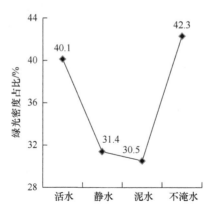

图 4-40　淹水方式对铺地锦竹草绿光密度占比的影响

4.2.10　讨论

　　植物受到胁迫后，体内常常产生活性氧与自由基，此时植物就会调动保护酶系统。POD、SOD 是细胞抵御活性氧伤害的主要保护酶类（蔡进等，2019；张中峰等，2016），但如果超出了植物的耐受能力，那么植物体内的活性氧代谢系统的平衡将被破坏，保护酶的活性就会下降，从而引起活性氧的积累（潘澜和薛立，2012）。丙二醛通常作为膜脂过氧化损伤的标志，其含量高低可以反映膜脂发生过氧化的程度（张阳等，2011；朱进和赵莉莉，2016）。有关实验证明，长时间的淹水会引起植物叶片中丙二醛的积累（Yiu et al.，2011），而丙二醛含量越高，则表明细胞膜脂过氧化程度越高。在逆境胁迫时，细胞膜的功能和结构受到损伤，透性增大，导致电解质外渗量增加进而影响植物代谢，是细胞膜受伤害和变性的重要标志（蔡金峰等，2014；丁慧芳等，2020；潘澜和薛立，2012）。本实验结果表明，在淹活水条件下，SOD 活性与 POD 活性略高于室外对照组，能有效去除活性氧与自由基，从而保护铺地锦竹草的膜系统。而静水和泥水处理使 SOD 活性与 POD 活性急剧下降，不利于活性氧与自由基的去除，势必导致膜脂过氧化和细胞膜受到伤害，从淹静水和泥水导致膜脂过氧化产物 MAD 含量（图 4-33）和电解质相对外渗率显著增加（图 4-37），以及塑料大盆中水质的电导率大幅提升（表 4-3）也可得出同样的结论。因此，从保护酶活性和膜伤害程度可得出这样的结论，活水对铺地锦竹草伤害小，静水和泥水对铺地锦竹草产生严重伤害。

表 4-3　淹水第 4 天水质的电导率

水质类型	水质的电导率/（μs/cm）
自来水	154.3
活水	155.3
静水	189.4
泥水	212.0

可溶性糖是植物的渗透调节物质之一（樊菲菲等，2018）。相关的实验结果表明，在淹水胁迫下，植物通过主动积累可溶性糖以提高细胞液浓度，从而降低渗透势以维持细胞渗透压，减轻胁迫引起的损伤，进而保护膜系统免受伤害（刘晓慧等，2020）。但在本实验中，铺地锦竹草叶片的可溶性糖含量在淹水胁迫下反而低于室外对照，且随水质不同而发生改变，可能原因是细胞死亡，可溶性糖溶解到水中（图 4-34），导致水质电导率增大。

游离脯氨酸是一种重要的渗透调节物质，可以清除自由基和保护细胞结构的完整性，其积累与植物对胁迫的耐受能力密切相关（郭灿等，2015）。在本实验中，活水、静水和泥水三组胁迫的脯氨酸含量都高于室外对照，说明此时脯氨酸积累以适应胁迫环境，而泥水胁迫的铺地锦竹草叶片的脯氨酸含量低于活水、静水两组，说明泥水环境的胁迫程度高于铺地锦竹草自身的耐受能力，细胞内的结构与功能发生了改变。

光合作用是植物获得生长发育所需营养物质的重要来源，是植物正常生长发育的物质基础（潘雅楠等，2020）。叶绿素、类胡萝卜素是植物叶片进行光合作用的主要色素（刘晓慧等，2020），其含量的高低能够反映植物的生长状况和叶片的光合能力（李娟娟等，2012）。大多数研究发现，淹水胁迫不仅会影响植物叶绿素的生物合成，还能够促进叶绿素的加速分解，导致叶绿素含量降低（庞宏东等，2017）。在本实验中，活水、静水和泥水三种淹水胁迫的铺地锦竹草叶片叶绿素含量均低于室外对照，但活水的叶绿体色素含量与对照差异不显著，而静水和泥水的显著低于对照。在淹水胁迫下，铺地锦竹草的呼吸作用减弱，细胞内的氧自由基积累较多，叶绿体膜结构遭到破坏，叶绿素的分解加速，因此叶片中的叶绿素含量下降。在淹静水和泥水条件下，植物受伤害的程度更甚，且体内积累的有毒物质释放到水中，这些有机物或泥土覆盖于铺地锦竹草的叶片上会抑制叶绿素的合成，进而导致叶片的光合色素含量降低。

水分子呈链状结构，如果不经常受到撞击，小分子就会不断地延长与扩大成为大分子，使水中含氧量下降，变成死水。在淹静水和泥水条件下，随着淹水时间的延长，水中的氧含量会下降，铺地锦竹草产生无氧呼吸，引起乙醇、乙醛等有毒物质的积累，破坏细胞膜，导致细胞内可溶性物质外渗（图 4-37），这些外渗物质如糖，糖的分解进一步消耗水中的氧，加剧环境氧缺乏，产生恶性循环，对铺地锦竹草产生毒害作用（潘澜和薛立，2012；郁万文等，2016）。泥水胁迫使植株受到的伤害比静水更严重，原因是泥水除产生缺氧环境外，泥土覆盖在铺地锦竹草的叶片上会堵塞气孔从而导致更严重的无氧呼吸（Jackson and Ram，2003）。另外，随着淹水时间的延长，还观察到静水和泥水两组水面上有机物漂浮物的存在，其中泥水组的现象比静水更明显，水体颜色加深，透光性降低，光合速率降低。流水不腐，它拥有较多的氧气，所以活水环境下铺地锦竹草受到的伤害较轻，但是水体中的含氧量毕竟比空气中的低，对于铺地锦竹草这些陆生植物来说，如果长期处在水淹条件下，也会受到严重伤害。总之，静水和泥水的缺氧环境对铺地锦竹草产生严重伤害，植株大量死亡。

综上所述，本实验结果表明，铺地锦竹草能够适应短期流动性的水淹；静水或泥水对其产生严重伤害甚至导致其死亡。在铺地锦竹草繁殖和建植时，应该注意防止淹水。

4.3　铺地锦竹草耐热性研究

热害（heat injury）是指高温对植物造成的伤害，而抗热性（heat resistance）是植物抵抗高温伤害的能力，又称为耐热性。不同植物的抗热性不同，同一热害温度对不同植物的伤害程度不同，所以不同植物的热害临界温度可能不同（孙震等，2007；辛雅芬等，2011）。就高等植物来说，陆生植物热害临界温度高，一般高于35℃；而水生和阴生植物的热害临界温度低，大约在35℃。

当环境温度超过植物所耐受的温度时，就会对植物造成伤害。高温常引起植物过度蒸腾失水，与旱害相似，细胞失水会造成一系列代谢失调，导致生长不良，严重时可使植株死亡。根据伤害的不同，（潘瑞炽等，2012）将高温对植物的伤害分为间接伤害和直接伤害。

间接伤害是指高温导致代谢的异常，渐渐使植物受害，其过程是缓慢的，即要经过一段较长的时间才会表现出来的一种伤害。通常，高温持续时间越长或温度越高，对植物的伤害程度也就越严重。间接伤害的症状表现为：①饥饿，植物光合作用的最适温度一般比呼吸作用的低，植物的呼吸速率和光合速率相等时的温度，称为温度补偿点，如果环境温度高于温度补偿点，呼吸作用大于光合作用，植物消耗贮存的养料，久而久之，植株就会出现饥饿甚至死亡的现象；②有毒物质积累，高温使氧气的溶解度减小，因而抑制植物的有氧呼吸，增强无氧呼吸，所以，无氧呼吸所产生的有毒物质（如乙醇、乙醛、丙酮等）不断积累，同时，高温会加快植物蛋白质分解和抑制蛋白质合成，形成大量的氨，氨积累过多会毒害植物细胞；③蛋白质被破坏，高温破坏蛋白质是生化障碍的一种特殊形式，蛋白质被破坏表现在合成减弱和水解加强两个方面，前者由于高温破坏了氧化磷酸化的偶联，使植物细胞的呼吸作用不能形成有效的能量 ATP，或者由于植物细胞内合成蛋白质的细胞器——核糖体被破坏，后者主要是由于高温下植物细胞产生了自溶的水解酶类或溶酶体破裂释放水解酶促使蛋白质分解。

直接伤害是指高温直接影响植物细胞质的结构，在短期（几秒到半小时）高温后，当时或事后就迅速呈现热害症状的一种伤害。直接伤害的症状表现为：①生物膜被破坏，在正常温度下，植物体生物膜上的脂质与蛋白质分子之间通过静电引力或疏水键连接，高温使脂质分子活动性增加，并超过它与蛋白质分子之间的静电引力，从而导致脂质从双分子层固相中游离出来，形成一些液化的小囊泡，故造成生物膜结构的破坏，这样，植物生物膜就出现缝隙和漏洞，从而失去了原来的选择透过性；②蛋白质变性，高温使蛋白质二级结构和三级结构中起重要作用的氢键断裂，一些维持三级结构的疏水键也遭破坏，这样，蛋白质空间构型被破坏，肽链展开、疏松起来，发生蛋白质变性。

经过长期的自然选择，植物对高温都具有一定的耐受能力。生长习性不同的植物，其耐热性不同，即使同一种植物，不同生长发育时期的耐热性也不同。一般植物在 35～40℃下停留时间过长，就会受到伤害，但是自然界中有些特殊的植物却能忍受很高的温度，如仙人掌可以在 60℃的沙漠中生存，滨藜属中的某些种可耐 50℃高温。生长在干燥和炎热环境中的植物的耐热性往往大于生长在潮湿和凉冷环境的植物，如景天和一些肉质植物的热死温度是 50℃左右（0.5 h），而阴生植物（如酢浆草等）则是 40℃左右；同一种植物成长叶的耐热性大于嫩叶，更大于衰老叶。此外，休眠种子的耐热性最强，随着种子吸水膨胀，耐热性逐渐下降，植株开花期耐热性较差；果实成熟时，越成熟，耐热性越强，如葡萄未成熟时只能忍受 43℃的高温，成熟时能忍受 62℃的高温；油料种子对高温的抵抗力大于淀粉种子，含油量越高的种子，其耐热性通常越强；细胞液浓度与耐热性有正相关的关系，细胞含水量高，细胞液浓度低，耐热性差，反之则强，不过肉质植物例外，它的含水量大，但其耐热性却很强（如仙人掌能耐 60℃的高温），这和它的细胞质黏性和束缚水含量有关，因为细胞质黏性大，即束缚水含量高，自由水含量低，蛋白质分子就不易变性，耐热性强（刘金祥等，2015）。

在形态特征方面，耐热性强的植物的叶片一般很薄（能进行高速蒸腾作用，在阳光下降低叶温，从而减少热害），表面发白（可以反射光线，降低热能，避免叶片灼烧），多为"垂直排列"（比平展排列少受阳光照射）。大多数耐热性强的植物体外被覆茸毛或鳞片，有的植物有厚厚的栓皮，这样可以保护活细胞，为它们遮阴。在生理特性方面，耐热性强的植物主要表现为：一是温度补偿点较高，C_4植物的耐热性一般高于 C_3 植物，这是因为 C_4 植物光合最适温度可达 40～45℃，温度补偿点高，在 45℃高温下仍有净光合产物生产；C_3 植物光合最适温度在 20～25℃，温度补偿点低，当温度升高到 30℃以上时已无净光合产物生产，即 C_4 植物温度补偿点高于 C_3 植物。二是有机酸和 RNA 较多，在高温下植物体内产生较多的有机酸，有机酸与氨（NH_3）结合，从而消除氨的毒害，以增加植物耐热性，如肉质植物抗热性强的原因就是有机酸代谢旺盛，当有机酸含量高时，能减轻氨对细胞的伤害，RNA 与蛋白质的合成有密切关系，RNA 越多，蛋白质的消耗相对越少，所以 RNA 含量多的植物的耐热性较强（刘金祥等，2015）。

研究表明，植物受高温刺激后会大量表达一类称为热激蛋白（heat shock

protein，HSP）的蛋白质，热激蛋白存在于细胞质基质、线粒体、叶绿体、内质网等部分。根据分子量大小，热激蛋白分为 5 个家族：Hsp100、Hsp90、Hsp70、Hsp60 和小分子量 Hsps（sHsps）。Hsps 能够在一定程度上解决蛋白质错误折叠和聚集等问题，同时也起到伴侣蛋白的作用（徐海等，2020）。热胁迫使得许多细胞蛋白质的酶性质或结构组成变成非折叠或错折叠（蛋白质常常聚合在一起或沉淀），从而丧失其酶结构及活性，而大多数 HSP 具有分子伴侣的作用，它不是分子组成的蛋白质，能使错折叠重新折叠成正确的分子构象，并阻止错折叠，有利于蛋白质转运过膜，提高细胞的抗热性。

目前对铺地锦竹草的高温胁迫研究很少。

4.3.1 45℃高温对铺地锦竹草的生理指标的影响

将铺地锦竹草植株栽植在长 180 cm×宽 30 cm×高 4 cm 的塑料盘中，栽培土为砂质土壤。先将铺地锦竹草常规培养两周时间，其间对每盘铺地锦竹草等量浇水。两周后（2019 年 8 月 3 日）挑选长势一致的铺地锦竹草利用人工气候箱进行高温处理，温度梯度设置为 40℃、45℃，以放置在走廊处的铺地锦竹草作为对照（CK），每天光照时间为 12 h。胁迫期间，为防止干旱，应及时补充土壤水分。每个处理 4 个重复，3 d 后剪取中部叶片进行各项生理指标的测定。

4.3.1.1 高温对铺地锦竹草可溶性糖含量的影响

由图 4-41 可知，随着胁迫温度的升高，铺地锦竹草叶片的可溶性糖含量呈上升的趋势。高温 40℃ 和 45℃ 胁迫下的可溶性糖含量比对照组分别增加了 72.89% 和 110.48%，均显著高于对照。

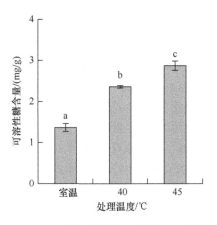

图 4-41　高温对铺地锦竹草可溶性糖含量的影响
不同小写字母表示处理间差异显著（$P<0.05$），均值±标准差

4.3.1.2 高温对铺地锦竹草叶片中丙二醛含量的影响

由图 4-42 可知，随着胁迫温度的升高，铺地锦竹草叶片中丙二醛含量呈先下降后上升的趋势。高温 40℃和 45℃胁迫下的丙二醛含量比对照组分别下降了 15.94%和 6.58%，但与对照组均无显著性差异。

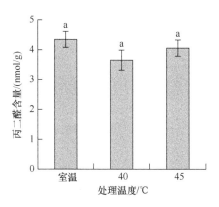

图 4-42 高温对铺地锦竹草叶片中丙二醛含量的影响
不同小写字母表示处理间差异显著（$P<0.05$），均值±标准差

4.3.1.3 高温对铺地锦竹草叶片中超氧化物歧化酶（SOD）活性的影响

由图 4-43 可得，随着胁迫温度的升高，铺地锦竹草叶片中超氧化物歧化酶的活性呈先下降后上升的趋势。高温 40℃和 45℃胁迫下的 SOD 活性比对照组分别下降了 4.54%和 0.52%，但与对照均无显著性差异。

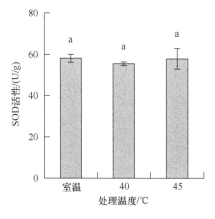

图 4-43 高温对铺地锦竹草叶片中 SOD 活性的影响
不同小写字母表示处理间差异显著（$P<0.05$），均值±标准差

4.3.1.4　高温对铺地锦竹草叶片含水量的影响

从图 4-44 可以看出，高温胁迫下，铺地锦竹草叶片的含水量呈现逐渐上升的趋势，40℃和45℃下铺地锦竹草叶片的含水量分别比对照组高 0.3%和 0.9%，均显著高于对照。叶片的相对含水量也呈现逐渐上升的趋势，40℃和45℃下相对含水量均显著高于对照。

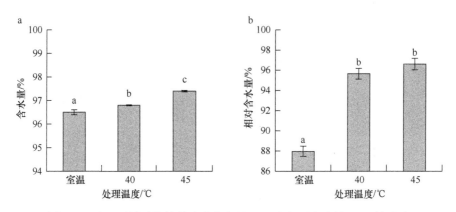

图 4-44　高温对铺地锦竹草叶片含水量（a）和相对含水量（b）的影响
不同小写字母表示处理间差异显著（$P<0.05$），均值±标准差

4.3.1.5　高温对铺地锦竹草叶片中游离脯氨酸含量的影响

如图 4-45 所示，随着胁迫温度的升高，铺地锦竹草叶片中游离脯氨酸含量呈上升趋势。高温 40℃和45℃胁迫下的游离脯氨酸含量比对照组分别上升了 32.03%和 187.91%，40℃胁迫组与对照组无显著差异，但 45℃胁迫组显著高于对照组。

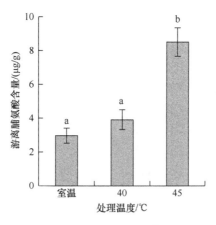

图 4-45　高温对铺地锦竹草叶片中游离脯氨酸含量的影响
不同小写字母表示处理间差异显著（$P<0.05$），均值±标准差

4.3.1.6　高温对铺地锦竹草质膜相对外渗率的影响

由图 4-46 可知，随着胁迫温度的升高，铺地锦竹草叶片质膜相对外渗率呈上升的趋势。高温 40℃和 45℃胁迫下叶片质膜相对外渗率比对照组分别增加了 16.90%和 163.43%。40℃胁迫组与对照组无显著差异，45℃胁迫组显著高于对照组。

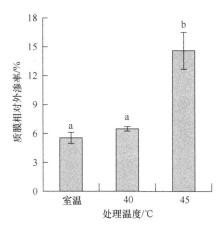

图 4-46　高温对铺地锦竹草质膜相对外渗率的影响

不同小写字母表示处理间差异显著（$P<0.05$），均值±标准差

4.3.1.7　高温对铺地锦竹草渗透势的影响

如图 4-47 所示，高温胁迫下，铺地锦竹草茎的渗透势随着胁迫温度的升高先上升而后下降，40℃和 45℃高温胁迫下的渗透势分别是-0.169 MPa 和-0.180 MPa，40℃胁迫组比对照上升了 2.31%，45℃胁迫组比对照下降了 4.05%，但与对照比较均无显著性差异。铺地锦竹草叶片的渗透势随着胁迫温度的升高先上升而后下降，高温 40℃和 45℃胁迫下的渗透势分别是-0.094 MPa 和-0.096 MPa，比对照分别上升了 4.08%和 2.04%，与对照比较均无显著性差异。

4.3.1.8　高温对铺地锦竹草叶绿体色素含量的影响

如图 4-48 所示，随着胁迫温度的升高，铺地锦竹草叶片的叶绿素含量呈下降趋势，高温 40℃和 45℃胁迫下的叶绿素含量分别是 0.249 mg/g 和 0.243 mg/g，比对照组分别下降了 7.43%和 9.67%，与对照组均无显著性差异；类胡萝卜素含量也呈下降趋势，高温 40℃和 45℃胁迫下的类胡萝卜素含量分别是 0.115 mg/g 和 0.066 mg/g，比对照组分别下降了 7.26%和 46.77%，40℃胁迫组与对照组无显著差异，45℃胁迫组显著低于对照组。

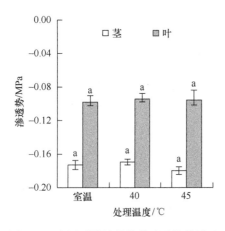

图 4-47　高温对铺地锦竹草渗透势的影响
不同小写字母表示处理间差异显著（$P<0.05$），
均值±标准差

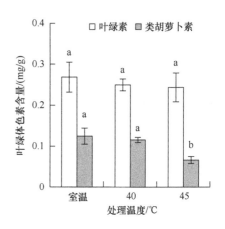

图 4-48　高温对铺地锦竹草叶片
叶绿体色素含量的影响
不同小写字母表示处理间差异显著（$P<0.05$），均值±标准差

4.3.1.9　讨论

含水量是反映植物体内水分状况的一个重要指标，植物组织中的含水量影响着植物的一些结构如气孔状况，以及体内的生理过程如光合作用，进而会影响植物生长发育，在植物维持正常的生理过程中充当着一个重要的角色，高温胁迫下植物的相对含水量较高则说明其具有一定的耐热性（辛雅芬等，2011）。本实验中铺地锦竹草叶片的相对含水量及含水量较对照组均有明显变化，随着胁迫温度的升高叶片的相对含水量也随之升高，且干旱处理的叶片的相对含水量和含水量均保持在90%以上。含水量升高的原因可能是，40～45℃短暂的高温使铺地锦竹草叶片气孔关闭，蒸腾速率下降。铺地锦竹草具有较高的相对含水量和含水量，保水性较好，说明其可能具有较强的耐热性，这一特性可使铺地锦竹草在高温胁迫下保护叶绿体结构和PSⅡ功能，对叶片光合作用有重要意义（田彩萍和姚延梼，2011）。

植物叶片中可溶性糖和游离脯氨酸是植物体内重要的细胞渗透调节物质，在植物遭受逆境胁迫时可起到一定的保护作用（苏鹏，2010）。据相关研究表明，植物体内的可溶性糖含量会因高温造成的伤害而大量积累（欧祖兰等，2008；涂三思和秦天才，2004；张显强等，2004）。据此可知，植物细胞会通过积累可溶性糖的含量来使其适应热胁迫。游离的脯氨酸不仅是细胞水分的调节物质，同时在胁迫环境下还作为植物能量和氮源的储存库（马进，2009；张路和张启翔，2011）。在高温胁迫下，植物细胞可能会出现失水的情况，此时脯氨酸就可发挥它的积极作用，因其有着强亲水性，能稳定细胞内的代谢过程，故可以起到防止细胞失水的作用（金春燕，2011）。相关研究表明（刘艳萍等，2011；骆俊等，2011；汤照云等，2006），在高温胁迫下，植物体内游离脯氨酸的含量会逐渐积累，而且随温度的升高叶片中游离脯氨酸的含量也不断增长。本实验结果表明，在高温胁迫下，铺地锦竹草叶片的可溶性糖含量显著上升，游离脯氨酸的含量也逐渐上升，这与几种冷季型草坪草高温胁迫下的实验结果相似（苏鹏，2010）。在高温胁迫下，铺地锦竹草体内积累的可溶性糖有利于调节细胞渗透势，抵御高温胁迫过程中引起的脱水；叶片中游离脯氨酸含量增多，尤其是在 45℃胁迫下其含量急剧上升，表明铺地锦竹草叶片产生了一定的耐热应答反应，从而对植株起到保护作用，这意味着铺地锦竹草在高温胁迫下自身的调节能力较强。

植物细胞若发生膜脂过氧化作用则会产生最终产物丙二醛，此作用越强产生的丙二醛就会越多，故丙二醛含量的多少可反应膜损伤程度的大小，可作为一种指标用于鉴定植物受高温胁迫伤害的程度（贺嘉等，2011；刘志刚等，2011；谢晓金等，2009；张乐华等，2011；张元等，2011）。多数学者通过实验研究得到，植物在一定的高温胁迫范围下其叶片中丙二醛的含量随着温度的升高而不断上升（吕高阳，2011；吴在生等，2011；辛雅芬等，2011）。本研究结果表明，在不同温度处理下，铺地锦竹草叶片的丙二醛含量有差异，但变化比较平缓，表明短暂高温处理对铺地锦竹草质膜影响较小。不耐高温的胶东卫矛叶片，在40℃高温胁迫三天后其丙二醛含量远远高于对照组（吕高阳，2011），本实验中，40℃和 45℃处理的丙二醛含量与对照组均无显著差异，说明铺地锦竹草在实验设置的高温下受到的伤害较轻。植物在逆境下体内的活性氧代谢过程会失去平衡，造成细胞内活性氧的大量累积，最终使细胞受到伤害（刘志刚等，2011；张乐华等，2011）。超氧化物歧化酶是植物体内的一种抗氧化酶，它能够防止膜脂过氧化及减轻逆境造成的膜伤害（胡永红等，2006；原海云和姚延梼，2011）。相关研究表明（陈全光和戚大伟，2011；李月琴等，2009），在高温胁迫下，植物会通过超氧化物歧化酶的活性增加来清除体内过多的活性氧所带来的伤害，从而起到保护作用。本实验中，在 40℃和 45℃高温胁迫下，超氧化物歧化酶活性稍有差异，但较对照降低的幅度较小，说明铺地锦竹草叶片中超氧化物歧化酶受高温胁迫的影响还不十分明显。两实验组的超氧化物歧化酶活性较对照组的稍有下降，据此可推测若胁迫温度升高可能会造成铺地锦竹草叶片膜脂过氧化作用加剧，使膜系统在高温胁迫下受到更为严重的伤害。当植物处于胁迫状态时，其细胞膜会遭到破坏，表现为膜透性增大，导致细胞内的电解液外渗，植物细胞浸提液的电导率增大（Collins et al.，1995；Liu and Huang，2000；路玉彦，2011）。植物细胞破坏越严重，电解质的相对外渗率就越大（刘雪凝，2010）。本实验中，高温胁迫下铺地锦竹草叶片的电解质的相对外渗率增加，表明细胞膜在热胁迫下受到了一定的伤害。但相对外渗率没超过 15%，此数据低于几个灌木树种叶片在高温胁迫下的相对外渗率（刘飞等，2010），说明 40℃和 45℃对铺地锦竹草叶片的影响还不十分明显。本实验中丙二醛含量和超氧化物歧化酶活性呈现出一样的变化趋势，电解质的相对外渗率有所增加，说明高温胁迫对铺地锦竹草叶片细胞的膜系统造成了一定的损伤但程度不大，铺地锦竹草为抵抗此种高温伤害做出了相应的生理变化，表明其膜脂过氧化产物清除能力较强，铺地锦竹草具有较好的耐热性。

叶绿素是植物进行光合作用的一类色素，叶绿素很不稳定，高温可引起叶绿素的降解（Mehdi et al.，2000；李月琴等，2009），但抗热性强的植物，其叶绿素含量会以较缓慢的速度下降（刘雪凝，2010）。本实验结果显示，在高温胁迫过程中，铺地锦竹草叶片的类胡萝卜素含量下降，叶绿素含量略有降低，但与对照相比差异不明显，与高温胁迫对细茎针茅幼苗叶绿素含量影响的结果相似（张彦捧，2010）。说明在 40℃和 45℃胁迫 3 d 下，铺地锦竹草叶片的叶绿素所受伤害很轻，铺地锦竹草能忍耐 45℃高温胁迫。

综上所述，随胁迫温度升高铺地锦竹草的可溶性糖含量、游离脯氨酸含量、电解质的相对外渗率、含水量和渗透势等呈上升趋势，说明铺地锦竹草保水性好，在抵御高温胁迫的过程中可溶性糖和游离脯氨酸作为渗透调节物质起到了积极的作用。而丙二醛含量、超氧化物歧化酶活性和叶绿素含量虽然呈下降趋势，但与对照相比差异不显著，说明所设高温对铺地锦竹草伤害较小。45℃处理的可溶性糖含量、游离脯氨酸含量、电解质的相对外渗率、丙二醛含量都高于 40℃处理的，而类胡萝卜素含量则低于 40℃处理的，说明 45℃高温对铺地锦竹草的伤害大于40℃处理。总之，40℃对铺地锦竹草没有产生伤害，45℃高温开始产生轻微伤害，因此，铺地锦竹草是一种耐热植物，后续研究应该提高胁迫温度，如 50℃的高温。

4.3.2　50℃高温对铺地锦竹草形态和生理指标的影响

实验材料为铺地锦竹草，由岭南师范学院草业实验基地提供。2015 年 4 月 5 日将供试材料移栽在有网孔的育苗托盘（长 60 cm×宽 24 cm×高 3 cm）中，土壤取自草业实验基地水稻试验田的耕作层表土。栽植初期放置在岭南师范学院草业实验基地的塑料大棚中，常规管理，每盘等量浇水。2015 年 6 月中旬将实验材料移至岭南师范学院第四教学楼的屋顶。2015 年 8 月 6 日，将生长一致的铺地锦竹草移至 LRH-250-A 型人工气候箱，处理之前每盘等量浇水，温度梯度设置为 20℃、30℃、40℃和 50℃，在 12 h/12 h 光周期和光照强度 20 000 lx 条件下处理 2 d（通过预实验的观察发现 2 d 后实验材料在 50℃高温下外观形态发生明显变化），2 d后取出材料进行生理指标的测定，每个温度重复 3 次，同时记录铺地锦竹草外观形态的变化情况。

4.3.2.1　高温对铺地锦竹草外观形态的影响

由表 4-4 可知，铺地锦竹草在 20℃条件下基本上可以正常生长，由于低于常温 25℃，表现为部分小叶卷曲，下层老叶变软，叶色变浅。在 30℃条件下叶色青绿，生长状况较好。持续 2 d 的 40℃高温处理，铺地锦竹草外观发生明显的变化，如部分下层老叶枯黄，顶端叶片有水渍状斑块，1/2 植株呈倒伏状。当温度高达 50℃时，植株受到的热害更深，叶片绝大部分严重枯黄、卷缩，根部干枯死亡。

表 4-4　高温胁迫下铺地锦竹草的外观形态

温度/℃	外观形态
20	基本正常，部分小叶卷曲，下层老叶变软，叶色变浅
30	正常，叶色青绿，长势较好
40	部分下层老叶枯黄，顶端叶片有水渍状斑块，1/2 植株呈倒伏状
50	叶片绝大部分严重枯黄、卷缩，根部干枯死亡

4.3.2.2　高温对土壤含水量的影响

20℃、30℃、40℃和 50℃时土壤的含水量分别为 25.57%、8.45%、7.02%和 2.37%。由图 4-49 可知，在 20～50℃，随处理温度的升高土壤含水量显著下降。20～30℃土壤含水量急剧下降，降幅最大，含水量下降了 17.1%；30～40℃含水量下降较慢，仅降低了 1.4%；40～50℃含水量下降又加快，下降了 4.7%，说明不同温度导致土壤含水量的变化不一样。

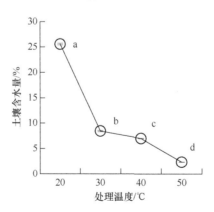

图 4-49　高温对土壤含水量的影响

4.3.2.3　高温对铺地锦竹草根系含水量的影响

20℃、30℃、40℃和 50℃时铺地锦竹草根系的含水量分别为 75.03%、59.99%、45.52%和 43.62%。由图 4-50 可知，在 20～50℃随处理温度的升高铺地锦竹草的根系含水量呈下降趋势。20～30℃、30～40℃，根系的含水量都显著降低，40℃和50℃根系的含水量没有显著差异。

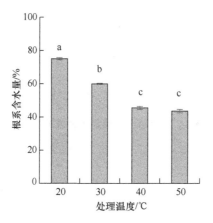

图 4-50 高温对铺地锦竹草根系含水量的影响

不同小写字母表示处理间差异显著（$P<0.05$），均值±标准差

4.3.2.4 高温对铺地锦竹草茎含水量的影响

20℃、30℃、40℃和50℃时铺地锦竹草茎的含水量分别为85.68%、89.79%、88.26%和85.13%。如图 4-51 所示，铺地锦竹草茎的含水量随温度的升高呈先上升后下降趋势，在30℃时含水量最高，随后下降，50℃时含水量最低。

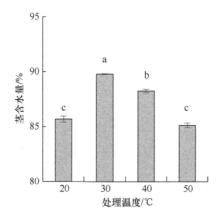

图 4-51 高温对铺地锦竹草茎含水量的影响

不同小写字母表示处理间差异显著（$P<0.05$），均值±标准差

4.3.2.5 高温对铺地锦竹草叶含水量的影响

20℃、30℃、40℃和50℃时铺地锦竹草叶的含水量分别为95.55%、96.77%、

95.37%和 63.33%。由图 4-52 可知，铺地锦竹草叶的含水量随温度的升高呈先上升后下降趋势，在 30℃时含水量最高，随后下降，50℃时含水量最低。

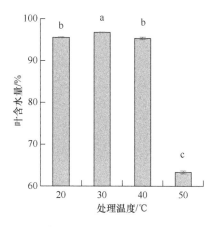

图 4-52　高温对铺地锦竹草叶含水量的影响
不同小写字母表示处理间差异显著（$P<0.05$），均值±标准差

4.3.2.6　高温对铺地锦竹草叶绿素含量的影响

20℃、30℃、40℃和 50℃时铺地锦竹草的叶绿素含量分别为 0.598 mg/g、0.885 mg/g、0.647 mg/g 和 0.422 mg/g。由图 4-53 可知，铺地锦竹草的叶绿素含量随温度的升高呈先上升后下降趋势，在 30℃时含量最高，随后下降，50℃时最低。

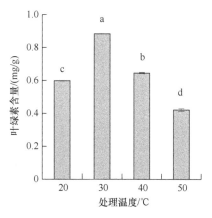

图 4-53　高温对铺地锦竹草叶绿素含量的影响
不同小写字母表示处理间差异显著（$P<0.05$），均值±标准差

4.3.2.7　高温对铺地锦竹草质膜相对电导率的影响

20℃、30℃、40℃和 50℃时铺地锦竹草质膜的相对电导率分别为 10.0%、7.5%、

11.5%和31.7%。由图4-54可知，20~50℃铺地锦竹草质膜相对电导率随温度的升高呈先下降后上升的趋势，在30℃时质膜相对电导率最低，50℃时最高。

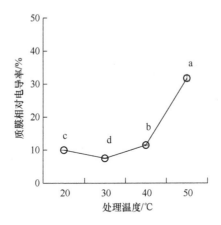

图4-54　高温对铺地锦竹草质膜相对电导率的影响
不同小写字母表示处理间差异显著（$P<0.05$），均值±标准差

4.3.2.8　高温对铺地锦竹草游离脯氨酸含量的影响

20℃、30℃、40℃和50℃时铺地锦竹草游离脯氨酸含量分别为是 1.36 μg/g、0.50 μg/g、4.07 μg/g 和 48.21 μg/g。如图4-55所示，20~50℃铺地锦竹草游离脯氨酸含量随温度的升高呈先下降后上升的趋势，在30℃时含量最低，50℃时最高。

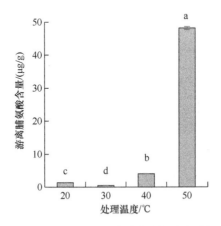

图4-55　高温对铺地锦竹草游离脯氨酸含量的影响
不同小写字母表示处理间差异显著（$P<0.05$），均值±标准差

4.3.2.9　讨论

高温下植物的外部形态发生变化，是热胁迫对植物影响最直接的表现，不同

种类植物的抗热性能和形态外观表现千差万别（Yeh and Lin，2003）。热胁迫常引起植物叶片失水、厚度变化。牡丹在 40℃高温处理后叶片失水，叶片尖端和叶缘出现褐色焦枯色块等症状（骆俊等，2011）。本实验结果与前人研究结果一致，通过对铺地锦竹草外观形态观察发现，在 30℃左右条件下生长最好，40℃高温条件下部分下层老叶枯黄，少数叶片上出现水渍状斑块；50℃时叶片绝大部分严重枯黄、卷缩，根部干枯死亡。

　　细胞膜系统是热损伤和抗热的中心。植物在高温逆境下膜透性的增加是高温伤害的本质之一（Martineau et al.，1979）。高温打破了细胞内活性氧产生与清除之间的平衡，造成氧化物的积累，引起膜蛋白与膜内脂的变化，从而引发了膜透性增大，细胞内电解质外渗，表现在测定的相对电导率增加，细胞膜受害越严重，其热稳定性越弱，反之则强，故可用电导法测定细胞膜的热稳定性（王洪春，1985）。高温胁迫下，植物叶片相对电导率一般表现出增大，且存在着随胁迫温度和时间的增加而增大的趋势。本研究结果表明在 40℃时，铺地锦竹草膜透性与对照比较只有小幅变化，说明铺地锦竹草能耐 40℃高温；50℃时膜透性大幅上升，说明 50℃高温对铺地锦竹草产生了严重伤害。结合前述章节 4.3.2 得出 45℃高温对铺地锦竹草产生轻微伤害，我们认为铺地锦竹草的耐连续高温值在 45℃左右。

　　脯氨酸是细胞内的重要渗透调节物质。脯氨酸含量变化是评价植物抗高温生理的重要指标之一，一般抗逆性强的植物其脯氨酸含量也会随胁迫程度的加重而增加。在 42℃高温胁迫下 2 d，草地早熟禾幼苗植株游离脯氨酸含量增加（汤日圣等，2010）。本实验结果表明，在 40℃以上高温胁迫下，铺地锦竹草游离脯氨酸含量显著升高，说明铺地锦竹草在高温胁迫下能通过增加游离脯氨酸含量来增强细胞的渗透调节能力，以抵御高温脱水。

　　植物组织含水量是表示植物组织水分状况的一个常用指标。组织含水量的多少直接影响植物的生长状况。从本实验结果可以看出，当温度超过 30℃后，铺地锦竹草含水量随着温度的上升呈下降趋势。但 40℃处理下，铺地锦竹草含水量下降的幅度很小，说明 40℃的高温对铺地锦竹草的含水量影响不大。高温胁迫下叶片灼伤度或叶绿素降低程度一般用作抗高温的检测指标。而 50℃下铺地锦竹草含水量大幅下降，说明此温度对铺地锦竹草产生了严重伤害。

　　叶绿素很不稳定，高温可引起叶绿素的降解（李月琴等，2009），在 42℃高温处理过程中，花生幼苗的叶绿素含量随着处理时间的延长而下降，表现为初期下降幅度平缓，后期变化明显（宰学明等，2007）。在本实验中，20～50℃时叶绿素含量随温度增加先升高后降低，30℃时叶绿素含量最高，说明铺地锦竹草光合作用的最适温度为 30℃左右。

　　综上所述，在 40～50℃高温胁迫下，铺地锦竹草的含水量减少、细胞质膜透性增大、游离脯氨酸含量升高、叶绿素含量减少。究其原因，高温（40℃以上）使土壤干旱（图 4-49），导致铺地锦竹草根系吸水困难，同时高温导致叶片蒸腾作用加快，从而使植株水分入不敷出，含水量降低，细胞膜受伤害，电解质外渗，膜透性增加，游离脯氨酸含量增加和叶绿素含量降低。本研究表明，铺地锦竹草生长的最适温度为 30℃左右，20℃抑制其生长，这与以前报道的铺地锦竹草生长的适宜日气温为 18~22℃不一致（郑龙海等，2009）。45℃为临界温度，50℃为致死温度，这表明铺地锦竹草具有极强的耐热性，但温度过高时抑制其生长。

4.4　铺地锦竹草耐寒性研究

温度是影响植物生命活动的主要非生物因子，当温度降低时，许多植物的地理分布受到限制，降低了植物的生存率。低温会导致植物严重损伤，甚至死亡。低温对植物的危害，按低温程度和受害情况，可分为冷害（cold injury）和冻害（freezing injury）两种。冷害是指 0℃以上低温对植物的伤害，一般发生在原产于热带或亚热带的喜温植物；而冻害是指温度下降到 0℃以下，植物体内发生冰冻，因而容易导致损伤甚至"冷死"的现象，我国北方晚秋及早春时，寒潮入侵，气温骤然下降，常造成果木和冬季作物严重冻害的现象。

冷害对植物的伤害主要有：①破坏细胞膜结构，冷害引起的植物损伤首先发生在细胞膜系统，当植物受到低温胁迫时，膜相发生改变，细胞膜从液晶态变为凝胶态，膜上结合蛋白结构被破坏，膜透性增大，细胞内物质流出，造成代谢紊乱，影响正常生命活动，当植物遭受低温胁迫时会发生膜脂过氧化作用，其产物会分解产生丙二醛（MDA），MDA 与蛋白质或者核酸等大分子交联成聚合物，阻碍膜正常的结构和功能；②水分平衡失调，冷害引起冷敏感植物最明显的生理变化是水分的丢失和植株的萎蔫，因为这些植物在低温胁迫下，ABA 的合成和运输受到抑制，叶面气孔关闭能力减弱，造成水分丢失，另外低温使根细胞吸水能力急剧降低，因而导致植株萎蔫；③呼吸速率大起大落，冷害对喜温植物呼吸作用的影响极为显著，许多植物在零上低温条件下，冷害病征出现之前，呼吸速率加快，此时受害植物呼吸释放出的能量较多转变为热能，而合成的 ATP 较少，因为氧化磷酸解偶联，随着低温的加剧或时间延长，至病征出现的时候，呼吸速率更高，以后迅速下降；④光合速率降低，低温影响叶绿素的生物合成，降低植物的光合速率，同时引起淀粉水解及叶绿素的光氧化，使绿叶褪色呈黄白，低温也影响酶的活性，从而导致植物光合作用减弱，如果加上光照不足（寒潮来临时往往带来阴雨），影响更是严重（潘瑞炽等，2012）；⑤蛋白质分解大于合成，冷害引起一系列合成酶，如蛋白质合成酶、核酸合成酶、脂肪合成酶和糖类合成酶等活性降低，但使这些物质的水解酶活性增高，从而导致蛋白质分解大于合成。

冻害对植物的伤害包括：①膜结构损伤，冻害首先是损伤细胞的膜结构，从而引起酶活性改变，生理生化过程被破坏，冻害可能是从两个方面导致植物的伤害和死亡，一是质膜的 Mg^{2+}-ATP 酶活性降低或失活，降低细胞的主动吸收和运输功能，水和溶质外渗，二是细胞器上的 ATP 酶被激活，细胞内 ATP 含量迅速减少，生物合成减少或停止，此两种原因破坏细胞的代谢过程，最后导致细胞死亡；②结冰伤害，细胞在零下低温的结冰有两种，一种是细胞间结冰，即在细胞间隙结冰，这种结冰对细胞伤害不大，如白菜、葱等的结冰像玻璃一样透明，但解冻后仍然不死，另一种是细胞内结冰，先在原生质结冰，然后在液泡内结冰，这就是细胞内结冰，细胞内结冰的伤害主要是机械损害，冰晶体会破坏生物膜、细胞器和细胞质基质的结构，使细胞亚显微结构的区域化被破坏，酶活动无秩序，影响代谢（潘瑞炽等，2012）。

总之，低温胁迫影响植物的细胞膜系统、光合作用、细胞的渗透调节和抗氧化系统，最终汇集成对植物产生的伤害。低温对植物的危害可参见图 4-56。

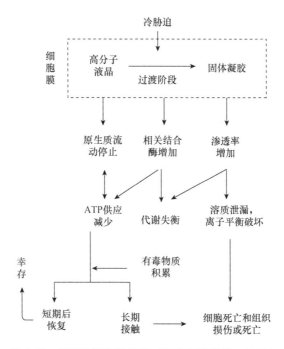

图 4-56　低温对植物的危害（引自宋静爽等，2019）

经过长期的自然选择作用，植物对冬季的低温具有一定的适应性。植物对低温胁迫的耐受能力，称为植物的耐寒性，又叫抗寒性。植物对低温胁迫的响应是一种积极主动的应激过程，为了适应逆境条件，植物通过改变自身的生理生化代谢过程，对胁迫信号相关基因进行表达，对基因表达产物活性水平进行调控，从而增强自身的抵抗能力。

在生长习性方面，一年生植物主要以干燥种子形式越冬；大多数多年生草本植物越冬时地上部死亡，而以埋藏于土壤中的延存器官（如鳞茎、块茎等）度过冬天；大多数木本植物通过形成或加强保护组织（如芽鳞片、木栓层等）和落叶以过冬。在生理生化方面，在冬季来临之前，随着气温的逐渐降低，植物体内发生了一系列适应低温的变化，耐寒力逐渐加强。这种提高耐寒能力的过程，称为耐寒锻炼。虽然植物耐寒性强弱是植物长期对不良环境适应的结果，是植物的本性，但是即使是耐寒能力很强的植物，在没有进行过耐寒锻炼之前，对寒冷的抵抗能力也很弱，如耐寒性强的针叶树在冬季可以忍耐-40～-30℃的严寒，而在夏季若处于人为的-8℃下便会冻死。我国北方晚秋或早春季节，植物容易受冻害，就是因为晚秋时，植物内部的抗寒锻炼还未完成，抗寒力差；在早春，温度已回升，植物的抗寒力逐渐下降，因此，晚秋或早春寒潮突然袭击，植物容易受害（刘金祥等，2015）。在冬季低温来临之前，植物在生理生化方面对低温的适应性变化有以下几点（潘瑞炽等，2012）。

（1）植株含水量下降，束缚水含量相对提高，自由水含量则相对减少。由于束缚水不易结冰和蒸腾，所以，总含水量减少和束缚水含量相对增多，有利于植物抗寒性的加强。

（2）呼吸减弱，消耗糖分减少，有利于糖分积累；细胞呼吸微弱，代谢活动低，有利于对不良环境条件的抵抗。

（3）脱落酸含量增多。实验表明，缺乏脱落酸的拟南芥突变体在低温中不能驯化适应冰冻，因此证实脱落酸与抗冻性有关。

（4）生长停止，进入休眠。冬季来临之前，树木呼吸减弱，脱落酸含量增多，顶端分生组织的有丝分裂活动减少，生长速度变慢，节间缩短。

（5）保护物质增多。在温度下降的时候，淀粉水解成糖比较旺盛，所以越冬植物体内淀粉含量减少，可溶性糖含量增多。可溶性糖既可提高细胞液浓度，使冰点降低，又可缓冲细胞质过度脱水，保护细胞质基质不致遇冷凝固。脂质也是保护物质之一，脂质化合物集中在细胞质表层，水分不易透过，细胞内不容易结冰，既能降低代谢，又能防止过度脱水。此外，不饱和脂肪酸的积累能降低冰点，提高植物耐寒性。

（6）抗冻基因和抗冻蛋白表达。植物感知低温信号后，经过一系列的转导途径，诱导大量与低温相关的基因和蛋白质表达，研究结果表明，低温锻炼可以诱发100种以上抗冻基因的表达。抗冻蛋白形成后，进入膜内或附着于膜表面，对膜起保护和稳定作用，从而防止冰冻损伤，提高植物的抗冻性。

植物在长期的进化过程中形成了复杂而高效的应答机制，从分子、细胞、生理和生化水平做出适应性调整，以抵御和适应低温胁迫（刘辉等，2014）。

铺地锦竹草原产热带,温暖潮湿环境是它的最适生境。冬季的低温环境影响植物的分布与生长,因此,温度是影响铺地锦竹草向我国北方地区推广应用的主要限制因子。本实验测定了低温胁迫下铺地锦竹草游离脯氨酸含量、叶绿素含量、渗透势大小、可溶性糖含量、电导率、SOD 活性、POD 活性及丙二醛含量等生理指标,探讨铺地锦竹草的耐低温能力,以期为铺地锦竹草的栽培和推广提供参考。

选取长势均匀一致的铺地锦竹草(以盆为单位,塑料盘长 180 mm×宽 130 mm×高 30 mm)进行实验。对照组置于室外自然生长,低温处理组置于人工气候箱中,温度分别设置为 5℃和 12℃,处理天数均为 5 d;人工气候箱中的光照强度均为 4000 lx,光照时间 10 h,黑暗时间 14 h,相对湿度为 65%。每天进行适量的浇水,5 d 后取出进行各指标的测定,每处理 3 个重复。

4.4.1　低温胁迫下铺地锦竹草叶绿体色素含量的变化

如图 4-57 所示,低温胁迫下铺地锦竹草中的叶绿素和类胡萝卜素含量均下降,但与对照比较没有显著差异,且 5℃处理组的叶绿素和类胡萝卜素含量略高于 12℃处理组。

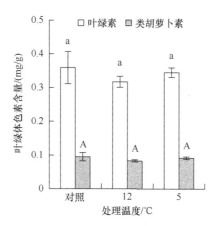

图 4-57　不同温度下铺地锦竹草叶绿体色素含量的变化
不同小写字母表示处理间的叶绿素含量差异显著,不同大写字母表示处理间的类胡萝卜素含量差异显著,
(P<0.05),均值±标准差

4.4.2　低温胁迫下铺地锦竹草渗透势的变化

如图 4-58 所示,低温胁迫降低了铺地锦竹草叶和茎的渗透势。在 12℃和 5℃处理下,叶的渗透势分别比对照组下降了 34.2%和 36.1%,都显著低于对照组;茎的渗透势分别比对照组下降了 29.0%和 18.0%,也都显著低于对照组。

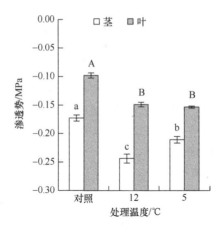

图 4-58　不同温度下铺地锦竹草渗透势的变化
不同小写字母表示处理间茎的渗透势差异显著，不同大写字母表示处理间叶的渗透势差异显著（$P<0.05$），
均值±标准差

4.4.3　低温胁迫下铺地锦竹草可溶性糖含量的变化

如图 4-59 所示，低温胁迫下铺地锦竹草中的可溶性糖含量均增大，且达到显著差异。在 12℃和 5℃处理组，可溶性糖含量分别比照组上升了 78.9%、73.1%，5℃处理组的可溶性糖含量低于 12℃处理组。

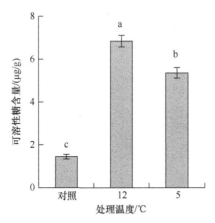

图 4-59　不同温度下铺地锦竹草可溶性糖含量的变化
不同小写字母表示处理间差异显著（$P<0.05$），均值±标准差

4.4.4　低温胁迫下铺地锦竹草游离脯氨酸含量的变化

如图 4-60 所示，低温胁迫使铺地锦竹草游离脯氨酸的含量增大，在 12℃、5℃处理组，脯氨酸含量分别高于对照组 37.6%、32.8%，但未达到显著差异，

12℃处理组的脯氨酸含量高于 5℃处理组。

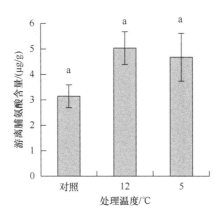

图 4-60　不同温度下铺地锦竹草脯氨酸含量的变化
不同小写字母表示处理间差异显著（$P<0.05$），均值±标准差

4.4.5　低温胁迫下铺地锦竹草质膜相对外渗率的变化

如图 4-61 所示，低温胁迫提高了铺地锦竹草质膜相对外渗率，在 12℃、5℃处理组，电导率分别比对照组上升了 44.3%、67.4%，且都达到显著差异，5℃处理组的质膜相对外渗率高于 12℃处理组。

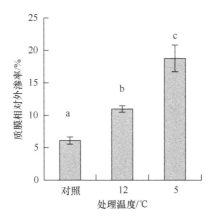

图 4-61　不同温度下铺地锦竹草质膜相对外渗率的变化
不同小写字母表示处理间差异显著（$P<0.05$），均值±标准差

4.4.6　低温胁迫下铺地锦竹草丙二醛含量的变化

如图 4-62 所示，低温胁迫使铺地锦竹草的丙二醛含量升高，在 12℃、5℃处理组，丙二醛含量分别比对照组上升了 5.6%、38.3%，其中 5℃处理组的丙二醛

含量显著高于对照组。

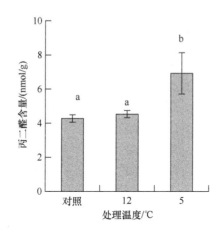

图 4-62　不同温度下铺地锦竹草丙二醛含量的变化
不同小写字母表示处理间差异显著（$P<0.05$），均值±标准差

4.4.7　低温胁迫下铺地锦竹草 SOD 活性的变化

如图 4-63 所示，随着胁迫温度的下降，铺地锦竹草的 SOD 活性不断增强。在 12℃、5℃处理组，SOD 活性分别比对照组上升了 30.0%、35.4%，都达到了显著差异。

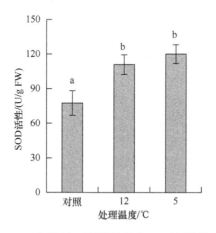

图 4-63　不同温度下铺地锦竹草 SOD 活性的变化
不同小写字母表示处理间差异显著（$P<0.05$），均值±标准差

4.4.8　低温胁迫下铺地锦竹草 POD 活性的变化

如图 4-64 所示，低温胁迫下铺地锦竹草的 POD 活性变化与 SOD 活性变化大

致相同，12℃、5℃胁迫处理 5 d 后，POD 活性分别比对照组增强了 46.6%、50.5%，都达到了显著差异。

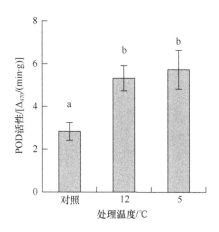

图 4-64 不同温度下铺地锦竹草 POD 活性的变化

不同小写字母表示处理间差异显著（$P<0.05$），均值±标准差

4.4.9 讨论

叶绿素的生物合成过程需要一系列酶促反应，低温胁迫影响了酶的活性，研究发现低温环境不仅会加速叶绿素的降解，而且植物合成叶绿素的能力也会有所下降，从而导致叶绿素含量的降低（常静等，2017）。本实验结果表明，在 5～12℃低温胁迫下，铺地锦竹草的叶绿素、类胡萝卜素含量均有所下降，但没有到达显著水平。

低温胁迫下植物会依靠累积渗透调节物质维持自身细胞膨压，通过渗透调节减少胁迫带来的伤害（de Azevedo et al.，2005）。研究表明，植物体内的渗透势与渗透物质的含量息息相关，渗透势降低可以提高植物的抗逆能力（陈光尧等，2007）。低温胁迫下植物自身的可溶性糖含量会发生改变以抵挡胁迫带来的伤害，可溶性糖堆积为植物的生理生化反应提供原料，促进植物体对寒冷的抵御，也使得机体内的渗透势下降，从而提高了抗低温能力（刘玉凤等，2011；王兴，2015）。脯氨酸也是渗透调节物质中的一种，植物通过调节游离脯氨酸的含量达到适应逆境的目的。通常情况下植物体内的游离氨基酸处于一个较低的水平，但是当植物受到低温胁迫时，与植物抗寒性密切相关的脯氨酸会大量增加以提高植物的耐寒能力（邓凤飞等，2015）。本实验结果表明，在 5～12℃低温胁迫下，铺地锦竹草的可溶性糖含量、游离脯氨酸含量大幅度升高，茎与叶中的渗透势下降，这符合渗透调节物质变化对其的影响规律，与张玥（2016）、刘林等（2015）和潘磊等（2020）的研究结果一致。

　　细胞膜具有控制物质进出细胞的作用。当植物受到低温胁迫时，细胞膜会受到一定的破坏，从而导致膜的透性增加和 MDA 的产生，细胞膜的选择透性受到影响，使得细胞内的电解质外渗，进而引起相对电导率的变化，因此可以通过检测电解质的相对外渗率反应细胞质膜透性的变化。研究表明细胞受到的损害增大，会使得细胞膜的选择透性增大，从而增大了电解质的相对外渗率（林丽仙等，2013）。本实验结果显示，随低温胁迫的加剧，铺地锦竹草的电导率有显著的提高，这与陈仁伟等（2020）和毛常丽等（2020）的研究结果一致。研究表明随着胁迫程度的加深，细胞膜受到的损害加大，MDA 的量会增加（朱世东和徐文娟，2002）。本实验结果显示，随着低温胁迫的加剧，MDA 逐步积累，在 5℃低温胁迫下 MDA 含量显著提高。由此可以得知，在 12℃和 5℃处理下的铺地锦竹草细胞膜受到了破坏，且 5℃处理组中的铺地锦竹草受到的伤害更大。

　　低温胁迫条件下 SOD、POD 活性的提高有利于植物抵抗低温对细胞的损伤，从而增强植物的抗逆能力（黄红缨和王琪，2005）。生物体的多种生理反应会产生超氧自由基·O_2^-，超氧自由基的积累会对细胞造成毒害。SOD 是超氧自由基清除剂，可以将·O_2^-还原为 H_2O_2。POD 则是一类氧化还原酶，它通过催化 H_2O_2 与酚类的反应清除植物体内过多的过氧化物，缓解脂膜的过氧化，从而减少细胞受到的损害（黄丽芳等，2018）。本实验中，随着胁迫温度的降低，SOD 活性逐步提高，这与曾智驰等（2019）、孙凌霄等（2020）和张海燕等（2020）的研究结果一致。由此可见，在低温胁迫下，铺地锦竹草可以通过提高抗氧化酶活性，清除植物体内过多的过氧化物以提高其耐寒性。

　　综上所述，12℃和 5℃低温胁迫对铺地锦竹草都有伤害，但 5℃处理受到的伤害更大。这是在生长季节开展实验的结果，此季节在华南不可能出现 5～12℃的低温，因此，建议后续实验在冬季和春季天然生长条件下展开。

4.5　铺地锦竹草耐盐性研究

　　土壤中可溶性盐分过多会对植物的生长产生不利影响，这称之为盐害（salt injury）或者盐胁迫（salt stress），而植物对盐分过多的适应能力，则称之为植物的耐盐性。在气候干燥、地势低洼、地下水位高的地区，通过水分蒸发将地下盐分带到土壤表层（耕作层），造成表层土壤盐分过多。土壤盐分过多，特别是易溶解的盐类，如氯化钠（NaCl）、硫酸钠（Na_2SO_4）等过多时，对大多数植物是有害的。海滨地区因土壤水分蒸发、咸水灌溉、海水倒灌等因素，土壤表层的盐分可升高到 1%以上。根据土壤中盐的种类，可将土壤分为几种不同的性质：以氯化钠和硫酸钠等中性盐为主的土壤称为盐土；以碳酸钠和碳酸氢钠等碱性盐为主的土壤称为碱土。而在实际中，盐土和碱土往往混合存在，所以习惯上把这种土壤称为盐碱土（潘瑞炽等，2012）。

盐碱胁迫是影响植物生长的主要环境因素之一，主要包括原初盐害（离子胁迫导致的直接伤害）和次生盐害（土壤盐分过多引起的渗透胁迫及离子间竞争引起的植物养分亏缺）。盐碱化是主要的环境压力之一，全球有超过 8 亿 hm^2 的土地受到盐碱化的影响，给农业生产造成了巨大的损失（Ledesma et al.，2016；Liu et al.，2016）。当前，土壤盐碱化和次生盐碱化问题在全球范围内广泛存在，已成为当地植物生长的限制性因素，世界多国均有关于钠盐累积导致土壤盐碱化的报道，且该情况呈日益严重的趋势。

一般情况下，盐土含盐量达到 0.2%～0.5% 时，就已经对植物生长不利，而盐土表层含盐量往往高达 0.6%～10%。盐分过多使土壤水势下降，严重阻碍植物生长发育，这已成为盐碱土地区作物收成的制约因素。土壤积盐对植物的有害作用主要包括生理干旱导致的渗透胁迫，以及钠离子过剩对植物临界生化过程的影响。相关研究显示，碱土对植物幼苗存活造成的伤害较盐土严重，即碱性盐胁迫对幼苗存活率和植株生长的影响远高于中性盐胁迫。一般中性盐胁迫主要是渗透胁迫（Na^+ 和 Cl^-），而碱性盐胁迫在此基础上还涉及高 pH 对土壤的影响，如对土壤理化性质、矿质元素及微生物的严重损害。除此之外，碱性土壤对植物生长的伤害还涉及高 pH 对根系的破坏，进而损伤植株（刘金祥等，2015）。

根据植物的耐盐能力，可将植物分为耐盐的盐生植物（halophyte）和不耐盐的甜土植物（glycophyte）两大类。前者可生长的盐度范围为 1.5%～2.0%，如碱蓬、海蓬子等；后者的耐盐范围为 0.2%～0.8%，其中甜菜、高粱等抗盐能力较强，水稻、小麦等较弱，荞麦、豆类等最弱。同一植物不同生育期，对盐分的敏感性也不同，幼苗期很敏感，随生长耐盐能力逐渐增强，开花期耐盐能力又下降。

盐生植物是盐渍生境中的天然植物类群，这类植物在形态上常表现为肉质化，吸收的盐分主要积累在叶肉细胞的液泡中，并通过在细胞质中合成有机溶质维持与液泡的渗透平衡。甜土植物在受到盐胁迫时会发生危害，主要表现在以下几方面（潘瑞炽等，2012）：①吸水困难，土壤盐分过多，降低了土壤溶液的渗透势，植物吸水困难，不但种子不能萌发或延迟发芽，而且生长着的植物也不能吸水或吸水很少，形成生理干旱；②生物膜被破坏，高浓度的 NaCl 可置换细胞膜结合的 Ca^{2+}，膜结合的 Na^+/Ca^{2+} 增加，膜结构被破坏，功能发生改变，细胞内的 K^+、磷和有机溶质外渗；③生理紊乱，盐分过多会降低蛋白质合成速率，相对加速贮藏蛋白质的水解，使体内的氨积累过多，从而产生氨害，盐分过多也会抑制光合速率、降低呼吸速率等。盐分过多还会引起植物营养缺乏，因为 Na^+ 和 K^+ 竞争相同吸收载体，Na^+ 亲和性大于 K^+，阻碍植物吸收营养元素 K^+。

有关植物的抗盐方式，主要分为避盐和耐盐。植物通过回避盐胁迫而形成的抗盐方式称为避盐，植物可通过被动拒盐、主动排盐和稀释盐分来达到避盐的目的。一些植物对某些盐离子的透性很小，在一定浓度的盐分范围内，不吸收或很少吸收盐分，称为拒盐。排盐也称泌盐，指植物将吸收的盐分主要通过盐腺主动排泄到茎、叶的表面，而后被雨水冲刷脱落，防止过多盐分在体内积累。还有些植物将吸收的盐分转移到老叶中积累，并伴随老叶的脱落来避免体内盐分的过量累积。稀盐是指植物通过吸收水分或加快生长速率来稀释细胞内盐分浓度，如肉质化的植物靠细胞内大量贮水冲淡盐的浓度（刘金祥等，2015）。

耐盐是指植物通过生理或代谢过程来适应细胞内的高盐环境，主要包括：①耐渗透胁迫，通过细胞的渗透调节来适应因盐渍产生的水分逆境，植物耐盐的主要机理是盐分在细胞内的区域化分配，盐分在液泡中积累可降低其对功能细胞器的伤害，有的植物将吸收的盐分离子积累在液泡里，植物可通过合成可溶性糖、甜菜碱、脯氨酸等渗透物质，来降低细胞液渗透势和水势来防止细胞脱水；②营养元素平衡，有些植物在盐胁迫下能增加对 K^+ 的吸收，有的蓝绿藻能随 Na^+ 供应的增加而加大对 N 的吸收，并在盐胁迫下较好地保持营养元素平衡；③代谢稳定性，某些植物在较高盐浓度中仍能保持酶活性稳定并维持正常代谢，如菜豆的光合磷酸化作用受高浓度 NaCl 抑制，而玉米、向日葵、欧洲海蓬子等高浓度 NaCl 反而刺激光合磷酸化作用；④与盐类结合，通过代谢产物与盐类结合，减少游离离子对原生质的破坏作用，细胞中的清蛋白可提高亲水胶体对盐类凝固作用的抵抗力，从而避免原生质受电解质影响而凝固。

面对环境中的盐胁迫，可以采取一定的措施来提高植株的抗盐性，植物耐盐能力常因生育时期不同而异，且对盐分的抵抗力有一个适应过程。例如，种子在一定浓度的盐溶液中吸水膨胀，然后再播种萌发，可提高作物生育期的抗盐能力。将棉花和玉米种子用 3%NaCl 溶液预浸 1 h，可增强耐盐力。用植物激素处理植株，如喷施 IAA 或用 IAA 浸种，可促进作物生长和吸水，也可提高其抗盐性。ABA 能诱导气孔关闭，减少蒸腾作用和盐的被动吸收，提高作物的抗盐能力。以在培养基中逐代加 NaCl 的方法，可获得耐盐的适应细胞，该类细胞中含有多种盐胁迫蛋白，可以增强抗盐性。另外，通过改良土壤、培育耐盐品种、灌溉洗盐等都可以协助植物抵抗盐害。

随着经济和科技快速发展，城市人口密度越来越大，建设用地规模也不断上升，如何利用有限的土地资源提升生活环境质量成为人们日益关心的问题。据相关部门调查：城市人均占有绿地面积需达到 60 m^2 以上才能达到最佳环境，而我国多数城市人均绿化面积不足 4 m^2（许萍等，2004）。就目前城市现状而言，充分利用建筑物顶部种植绿色植物，在一定程度上能改善城市的生态环境，缓解用地紧张的现状。屋顶绿化无疑为城市绿化提供了一个新方案。此外，屋顶绿化还具有降低城市的热岛效应、净化空气、保护建筑物、缓解城市排水等作用，能够大幅度提升城市的综合经济效益、社会效益及生态效益（张娜和于晓莹，2019）。铺地锦竹草（*Callisia repens*）是鸭跖草科、锦竹属多年生蔓生草本植物，原产于美国至阿根廷，在中国华南地区及香港一带已归化。该植物喜温暖、湿润的环境，对土壤要求不严，耐贫瘠、耐旱、耐高温（林盛松等，2016）。目前，关于铺地锦竹草的生物学特性（刘蕾，2012）、生长环境（李钱鱼等，2016）、抗旱性（汤聪等，2014）等已有较多研究结果，但铺地锦竹草的耐盐性还未见报道。盐渍化土地广泛分布于世界一半以上的国家（Zhang and Blumwald，2001）。众所周知，我国的盐碱地面积较大，面积为 9913 万公顷，几乎遍布全国，而且，我国的大中型城市也多数靠近滨海地区（包颖等，2020；张建锋等，2005）。盐胁迫会对植物造成渗透胁迫和离子毒害等损伤（Ruiz et al.，1999）。盐碱地地区实施园林绿化，尤其是屋顶绿化时，除了关注种植植物的抗寒性、抗旱性等特性，也要考虑盐对其生长的影响。

本研究取种植在岭南师范学院第四教学楼 B 栋屋顶生长一致的铺地锦竹草（无性繁殖三个月苗）5 盘（长 50 cm×宽 30 cm），每盘用线等分为 4 个小区（作为重复组）后，置于盛有不同浓度 NaCl 溶液的塑料大盆（直径 75 cm×高 25 cm）中，盐浓度分别为 0 mmol/L、25 mmol/L、50 mmol/L、75 mmol/L 和 100mmol/L，溶液高度刚好没过铺地锦竹草的根部。为了避免盐应激效应，NaCl 浓度以每天 25 mmol/L 的量添加，4 d 后各盐浓度同时加盐完毕，每天采用称重法补充失去的水分，直至 100 mmol/L 处理的铺地锦竹草开始出现明显变化（第 12 天），测量植株的各项指标。

4.5.1　盐胁迫对铺地锦竹草含水量的影响

由图 4-65a 和图 4-65b 可知，铺地锦竹草茎和叶的相对含水量随着盐浓度的升高呈逐渐减小趋势。与对照比较，在 25 mmol/L、50 mmol/L、75 mmol/L 和 100 mmol/L NaCl 下，铺地锦竹草叶的相对含水量分别下降了 1.97%、5.34%、9.76% 和 21.72%；茎的相对含水量分别下降了 0.12%、4.51%、6.71% 和 1.95%。当盐浓度≥50mmol/L 时，茎和叶的相对含水量都显著小于对照。

由图 4-65c 和图 4-65d 可知，铺地锦竹草茎的含水量随着盐浓度的升高而逐渐减小；叶含水量则先增大后减小。与对照比较，在 25 mmol/L、50 mmol/L、75 mmol/L、100 mmol/L NaCl 下，铺地锦竹草茎的含水量分别下降了 0.30%、0.92%、1.40%、1.27%；在 25 mmol/L NaCl 下，叶的含水量上升了 0.09%，在 50 mmol/L、75 mmol/L、100 mmol/L NaCl 下，分别下降了 0.20%、0.48%、1.77%。当盐浓度≥75 mmol/L 时，茎和叶的含水量都显著小于对照。

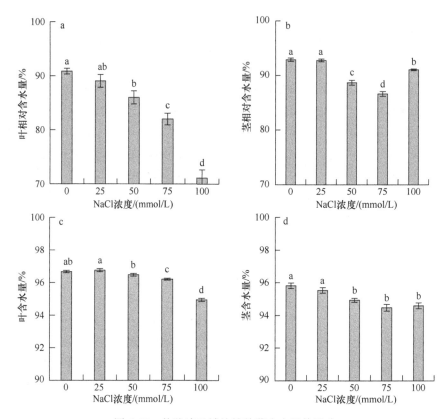

图 4-65　盐胁迫对铺地锦竹草含水量的影响

不同小写字母表示处理间差异显著（$P<0.05$），均值±标准差

4.5.2　盐胁迫对铺地锦竹草钠钾离子含量的影响

由图 4-66a～c 可知，盐胁迫下，铺地锦竹草茎的 Na^+ 含量最高，叶中 Na^+ 含量最低。根、茎和叶的 Na^+ 含量随盐浓度的升高先升高后降低。在 25 mmol/L、50 mmol/L、75 mmol/L 和 100mmol/L NaCl 下，根的 Na^+ 含量分别是对照的 4.8、8.1、10.1 和 6.5 倍，茎的 Na^+ 含量分别是对照的 9.1、14.3、15.0 和 14.1 倍；叶的 Na^+ 含量是对照的 7.6、10.7、8.3 和 8.8 倍。盐胁迫下，根、茎和叶的 Na^+ 含量均显著高于对照。

由图 4-66d～f 可知，盐胁迫下，铺地锦竹草叶的 K^+ 含量最高，根中 K^+ 含量最低。铺地锦竹草根的 K^+ 含量随盐浓度的升高逐渐减小；25～100 mmol/L NaCl 下，茎的 K^+ 含量变化不明显；叶的 K^+ 含量则先升高后下降。在 25 mmol/L、50 mmol/L、75 mmol/L 和 100 mmol/L NaCl 下，根的 K^+ 含量分别下降了 53.81%、55.22%、68.41% 和 79.07%；在 25 mmol/L NaCl 下，茎的 K^+ 含量上升了 4.73%，叶的 K^+ 含量上升了 22.40%；在 50 mmol/L、75 mmol/L 和 100 mmol/L NaCl 下，茎的 K^+ 含

量分别下降了 19.19%、13.23% 和 14.68%；叶的 K^+ 含量分别下降了 6.71%、14.99% 和 3.67%。盐胁迫下，根的 K^+ 含量显著低于对照，茎的 K^+ 含量无显著性变化；当 NaCl 浓度为 25 mmol/L 时，叶的 K^+ 含量显著高于对照，盐浓度 ≥ 50 mmol/L NaCl 时，无显著变化。

由图 4-66g～i 可知，盐胁迫下，铺地锦竹草叶的 K^+/Na^+ 摩尔比最高，根的 K^+/Na^+ 摩尔比最低。根、茎和叶 K^+/Na^+ 摩尔比随盐浓度的升高而逐渐减小。与对照比较，在 25 mmol/L、50 mmol/L、75 mmol/L 和 100 mmol/L NaCl 下，根的 K^+/Na^+ 摩尔比分别下降了 90.60%、94.56%、96.91% 和 97.16%；茎的 K^+/Na^+ 摩尔比分别下降了 88.63%、94.36%、94.07% 和 93.97%；叶的 K^+/Na^+ 摩尔比分别下降了 84.07%、91.24%、89.53% 和 89.18%。盐胁迫下，根、茎和叶的 K^+/Na^+ 摩尔比均显著低于对照。

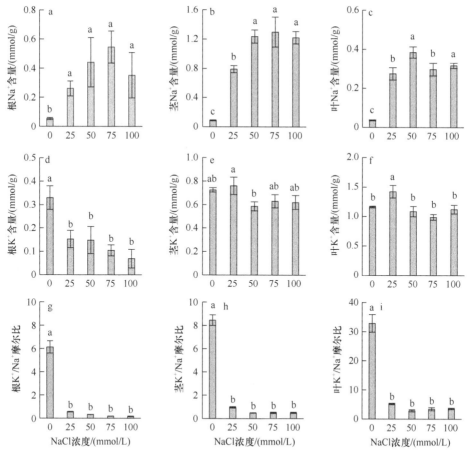

图 4-66　盐胁迫对铺地锦竹草钠钾离子含量的影响

不同小写字母表示处理间差异显著（$P<0.05$），均值±标准差

4.5.3 盐胁迫对铺地锦竹草质膜相对外渗率的影响

如图 4-67 所示，盐胁迫下，铺地锦竹草质膜相对外渗率变化不明显。与对照比较，在 25 mmol/L 和 50 mmol/L NaCl 下，质膜相对外渗率分别下降了 5.38% 和 5.65%，在 75 mmol/L 和 100 mmol/L NaCl 下，质膜相对外渗率分别上升了 3.76% 和 14.98%。盐胁迫对铺地锦竹草质膜相对外渗率影响不显著。

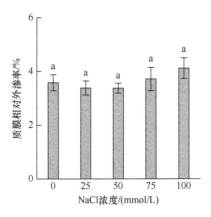

图 4-67　盐胁迫对铺地锦竹草质膜相对外渗率的影响
不同小写字母表示处理间差异显著（$P<0.05$），均值±标准差

4.5.4 盐胁迫对铺地锦竹草渗透势的影响

如图 4-68 所示，铺地锦竹草茎和叶的渗透势随盐浓度的增加呈先下降后上升的趋势。与对照比较，在 25 mmol/L、50 mmol/L、75 mmol/L 和 100 mmol/L NaCl 下，茎的渗透势分别下降了 20.43%、41.06%、48.51% 和 13.19%；叶的渗透势分别下降了 11.81%、17.01%、11.46% 和 14.93%。盐胁迫下，铺地锦竹草茎的渗透势显著低于对照；当盐浓度为 50 mmol/L 时，叶的渗透势显著低于对照。

4.5.5 盐胁迫对铺地锦竹草叶绿体色素含量的影响

如图 4-69 所示，盐胁迫下，铺地锦竹草叶绿素 a、叶绿素 b 和类胡萝卜素的含量无明显变化。与对照比较，在 25 mmol/L、50 mmol/L、75 mmol/L 和 100 mmol/L NaCl 下，叶绿素 a 含量分别下降了 11.20%、21.14%、5.81% 和 1.35%；在 25 mmol/L、50 mmol/L 和 75 mmol/L NaCl 下，叶绿素 b 含量分别下降了 9.15%、18.35% 和 2.32%，类胡萝卜素含量分别下降了 13.04%、21.03% 和 6.84%；在 100 mmol/L NaCl 下，叶绿素 b 含量上升了 4.67%，类胡萝卜素含量上升了 5.55%。

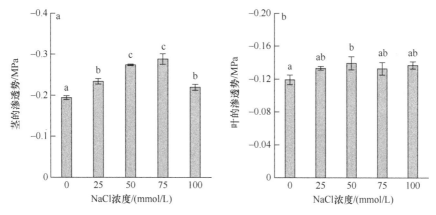

图 4-68　盐胁迫对铺地锦竹草渗透势的影响

不同小写字母表示处理间差异显著（P<0.05），均值±标准差

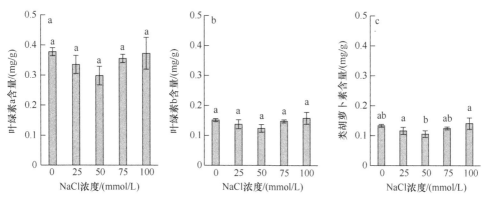

图 4-69　盐胁迫对铺地锦竹草叶绿体色素含量的影响

不同小写字母表示处理间差异显著（P<0.05），均值±标准差

4.5.6　盐胁迫对铺地锦竹草叶绿素荧光的影响

如图 4-70 所示，铺地锦竹草光化学淬灭系数（qP）、电子传递速率（ETR）随盐浓度升高而呈逐渐下降趋势。与对照比较，在 25 mmol/L NaCl 下，qP 上升了 1.20%，在 50 mmol/L、75 mmol/L 和 100 mmol/L NaCl 下，qP 分别下降了 11.04%、23.55%和 57.76%；在 25 mmol/L、50 mmol/L、75 mmol/L 和 100 mmol/L NaCl 下，ETR 分别下降了 5.67%、33.93%、46.18%和 74.97%。当盐浓度≥75mmol/L 时，qP 显著低于对照；当盐浓度≥50 mmol/L 时，ETR 显著低于对照。

4.5.7　盐胁迫对铺地锦竹草光合参数的影响

如图 4-71a～e 所示，铺地锦竹草净光合速率（P_n）、气孔导度（G_s）、和表观

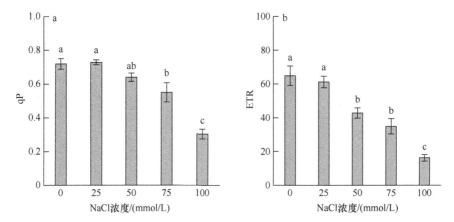

图 4-70　盐胁迫对铺地锦竹草光化学淬灭系数（a）和电子传递速率（b）的影响

不同小写字母表示处理间差异显著（$P<0.05$），均值±标准差

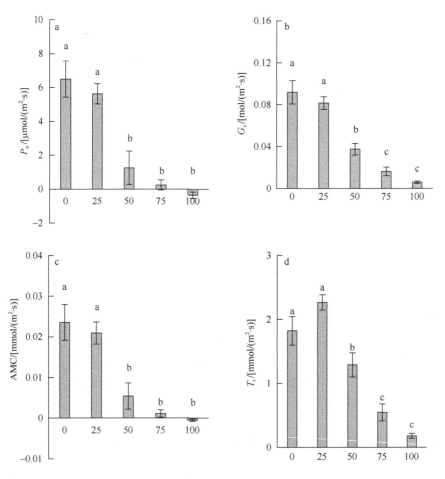

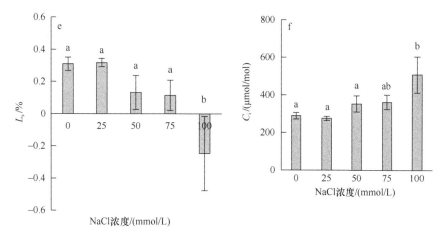

图 4-71　盐胁迫对铺地锦竹草光合参数的影响
不同小写字母表示处理间差异显著（$P<0.05$），均值±标准差

叶肉导度（AMC）随盐浓度升高而逐渐下降。在 25 mmol/L、50 mmol/L、75 mmol/L 和 100 mmol/L NaCl 下，P_n 分别下降了 13.44%、80.72%、96.25% 和 105.47%；G_s 分别下降了 11.26%、59.22%、82.31% 和 93.62%；AMC 分别下降了 11.18%、76.90%、95.27% 和 102.20%。蒸腾速率（T_r）和气孔限制值（L_s）呈先上升后下降趋势，在 25 mmol/L NaCl 下，T_r 上升了 24.30%，L_s 上升了 2.58%；在 50 mmol/L、75 mmol/L 和 100 mmol/L NaCl 下，T_r 分别下降了 29.20%、69.91% 和 90.21%，L_s 分别下降了 57.34%、62.96% 和 179.85%。当盐浓度≥50 mmol/L 时，P_n、G_s、AMC、T_r 都显著低于对照；当盐浓度为 100 mmol/L 时，气孔限制值（L_s）显著低于对照。

如图 4-71f 所示，随处理盐浓度升高，铺地锦竹草胞间 CO_2 浓度（C_i）呈先下降后逐渐升高的趋势，在 25 mmol/L NaCl 下，C_i 下降了 4.85%，在 50 mmol/L、75 mmol/L 和 100 mmol/L NaCl 下，C_i 分别上升了 22.36%、25.36% 和 76.09%。当盐浓度为 100 mmol/L 时，C_i 显著高于对照。

4.5.8　盐胁迫对铺地锦竹草茎生长速度和出叶速度的影响

如图 4-72 所示，铺地锦竹草茎生长速度和出叶速度随盐浓度升高呈先上升后下降趋势。与对照比较，在 25 mmol/L NaCl 下，茎生长速度上升了 7.95%，出叶速度上升了 42.86%；在 50 mmol/L、75 mmol/L 和 100 mmol/L NaCl 下，茎生长速度分别下降了 51.53%、57.34% 和 69.40%，出叶速度分别下降了 38.10%、28.57% 和 23.81%。当盐浓度≥50 mmol/L 时，茎生长速度显著低于对照。

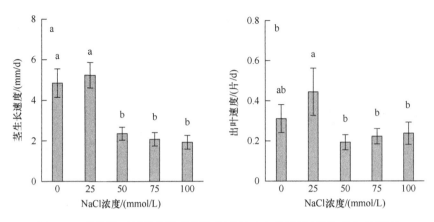

图 4-72　盐胁迫对铺地锦竹草茎生长速度（a）和出叶速度（b）的影响

不同小写字母表示处理间差异显著（$P<0.05$），均值±标准差

4.5.9　讨论

NaCl 属于中性盐，其胁迫对植物生理生化造成的影响主要有以下三个方面：离子毒害、渗透胁迫和营养亏缺（Ruiz et al.，1999）。其中，离子毒害包括过量的有毒 Na^+ 和 Cl^- 导致细胞膜系统受损，细胞内部电解质由于质膜透性增大而外渗，从而引起细胞代谢失调；渗透胁迫是指根系环境中盐浓度的升高、水势下降，造成植物吸水困难；营养亏缺则是高浓度的 Na^+ 和 Cl^- 存在，影响了植物根系对其他营养元素的吸收，造成植物体其他营养元素的缺乏（裘丽珍等，2006）。因此，盐胁迫引起的水分胁迫、离子毒害和营养失衡，最终影响植物的生长发育。

植物组织的含水量反映了其水分生理状况，在一定程度上可体现其保水能力，含水量变化越显著，植物的保水性越差，抗性越差（Romero-Aranda et al.，2001）。本实验结果表明，铺地锦竹草茎和叶的含水量随着盐浓度的升高而逐渐减小，其中，当盐浓度为 25 mmol/L 时，铺地锦竹草的含水量和相对含水量与对照相比没有差异，当盐浓度≥75 mmol/L 时，茎和叶的含水量显著下降，说明 25 mmol/L NaCl 不影响铺地锦竹草的含水量，盐浓度高于 75 mmol/L 时破坏了铺地锦竹草的水分平衡。

盐胁迫下，植物体内积累大量的 Na^+，影响其对 K^+ 的吸收和累积，从而导致 K^+/Na^+ 摩尔比减小（白文波和李品芳，2005）。本实验结果表明，盐胁迫下，铺地锦竹草根、茎和叶的 Na^+ 含量显著升高，K^+/Na^+ 摩尔比显著下降。Na^+ 主要积累在地上部分的茎，这与对棉花的研究结果一致（史湘华等，2007）。植物体内积累 Na^+ 可作为渗透调节物质，降低细胞水势，从而提高细胞保水能力（马玉花，2013）。NaCl 胁迫导致铺地锦竹草大量积累 Na^+，体内 K^+ 与 Na^+ 失衡，从而影响植株生长，然而在 25 mmol/L NaCl 处理下，植株把更多的 K^+ 分配到茎和叶（尤其是叶），通过提高 K^+ 含量，部分抵消 Na^+ 的伤害。

盐胁迫下，由于 Na^+ 竞争性抑制 K^+ 的吸收，使得植物体内 K^+ 含量普遍下降（刘强等，2014）。然而本实验结果表明，盐胁迫下，K^+ 在各器官的分配有所不同，与对照比较，根的 K^+ 含量显著下降，茎和叶的 K^+ 含量变化不明显，在 25 mmol/L NaCl 处理下甚至还上升了，这与杨升等（2011）的研究结果一致。地上部较高的 K^+ 含量有利于维持其较高的 K^+/Na^+ 摩尔比，保证离子平衡，从而减缓体内吸收 Na^+ 的速度，保证了植物体内正常的生理功能（孙小芳和刘友良，2000）。

质膜透性可衡量盐胁迫对植物组织的伤害程度。盐胁迫下，质膜受损导致质膜透性增大，细胞内部分电解质外渗，电解质相对外渗率增大（王旭明等，2019）。在本次实验中，盐胁迫下铺地锦竹草的电解质相对外渗率无显著变化，其原因可能是该浓度胁迫对铺地锦竹草含水量影响较小，叶片中存在较多的水分稀释 Na^+ 和 Cl^-。这与盐胁迫对白榆的影响报道一致（宋福南等，2006）。本实验结果表明，盐胁迫对铺地锦竹草叶片结构伤害较小。

盐胁迫下，植物体内积累了大量的渗透调节物质，使得细胞原生质渗透势下降，提高了渗透调节能力，从而抵御盐环境带来的渗透胁迫，维持植物体的正常生长发育（武香，2012）。本实验中，与对照比较，铺地锦竹草茎的渗透势随盐浓度升高显著性下降（$P<0.05$）；叶的渗透势下降较缓慢；茎和叶渗透调节能力逐渐增强，且茎的渗透调节能力强于叶，这与对紫叶酢浆草的研究结果大致相同（时丽冉和牛玉璐，2009），说明盐胁迫下铺地锦竹草具有一定的渗透调节能力。

叶绿素是植物进行光合作用的主要色素，其含量可直接反映植物光合作用强度，可用于衡量植物的抗逆能力（张文明等，2017）。盐胁迫下，植物叶片叶绿素、类胡萝卜素含量通常呈现降低趋势（杨少辉等，2006）。本实验中，不同浓度盐胁迫下铺地锦竹草叶绿素 a 含量均有所下降，叶绿素 b、类胡萝卜素含量则在盐浓度 ≤75 mmol/L 时有所下降；盐浓度为 100 mmol/L 时，铺地锦竹草叶绿素 b 含量、类胡萝卜素含量增加。当盐浓度 ≤75 mmol/L 时，植株体内叶绿素含量降低的原因可能是叶绿素酶活性增强，或者叶绿体功能紊乱或结构受损等，导致叶绿素降解（Abbas et al.，2015）。叶绿素降解则进一步导致光合速率减小。有研究表明，类胡萝卜素含量的增加可以减少细胞内积累的氧自由基，保护叶绿体膜的结构，从而促进叶绿素含量的增加（Sakaki et al.，1983）。

许多研究都证明盐胁迫会导致植物光合速率降低，但对其原因尚未形成统一的认知（张娟等，2008）。可能原因有盐毒害、细胞质结构改变引起的酶活性发生变化等（杨少辉等，2006）。导致叶片光合速率下降的因素可分为气孔因素和非气孔因素，气孔因素主要表现为 C_i 和 G_s 同时下降，而 L_s 升高；非气孔因素则为 C_i 升高，G_s 和 AMC 下降（Farquhar and Sharkey，1982）。本实验中，铺地锦竹草 P_n、AMC、G_s 随盐浓度升高而减小。而 C_i 升高，说明盐胁迫下，非气孔因素是导致铺地锦竹草光合速率下降的主要因素。这与对黑果枸杞的研究结果一致（李远航等，2019）。此外，当盐浓度≥50 mmol/L 时，铺地锦竹草叶片的气孔导度下降，进而导致 T_r 下降，植物体内水分失衡，叶片相对含水量的下降，进一步导致了 P_n 降低，加剧盐胁迫对铺地锦竹草的伤害。L_s 减小，进入气孔的 CO_2 减少，也导致 P_n 降低。盐浓度为 100 mmol/L 时，铺地锦竹草的 L_s 为负值，主要原因是，此时铺地锦竹草叶片呼吸作用低于光合作用，导致 P_n 小于零。同时，呼吸释放的 CO_2 导致 C_i 维持在高浓度水平（郑国琦等，2002）。

盐浓度为 25 mmol/L 时，铺地锦竹草 qP、ETR 变化不明显；当盐浓度≥50 mmol/L 时，随盐浓度的升高铺地锦竹草 qP、ETR 减小。说明盐浓度≥50 mmol/L 时，铺地锦竹草 PSⅡ的电子传递活性和光化学反应中用于碳固定的电子传递速率显著下降。

盐胁迫对植物的影响主要表现为抑制植物组织和器官的生长和分化（张立全等，2012）。本实验中，铺地锦竹草在盐浓度为 25 mmol/L 时的茎生长速度和出叶速度最快，当盐浓度≥50 mmol/L 时，茎生长速度和出叶速度下降。这与对玉米的研究结果一致（高英等，2007）。研究表明，Na^+ 可催化 C_4 和 CAM 植物中 PEP 再生，有利于该类型植物的生长（潘瑞炽等，2012）。目前，尚无有关铺地锦竹草的碳同化途径研究。铺地锦竹草的形态特征与同科同属的香锦竹草（*Callisia fragrans*）相似，香锦竹草是 CAM 植物，铺地锦竹草的碳同化途径也极可能与其相似（Martin et al.，1994）。

综上所述，25 mmol/L NaCl 促进铺地锦竹草的生长，盐浓度≥50 mmol/L 时抑制铺地锦竹草生长。在铺地锦竹草的栽培中，适当补充钠离子有利于铺地锦竹草的生长，但要避免高浓度产生的盐胁迫。

4.6 铺地锦竹草耐重金属污染研究

重金属是指密度大于 5 g/cm^3 的一类金属元素，大约有 40 种，主要包括镉（Cd）、铬（Cr）、汞（Hg）、铅（Pb）、铜（Cu）、锌（Zn）、银（Ag）、锡（Sn）等。从环境污染方面所说的重金属，实际上主要是指汞、镉、铅、铬及类金属砷等生物毒性显著的重金属，也指具有一定毒性的一般重金属，如锌、铜、钴、镍（Ni）、锡等（郑姗和邱栋梁，2006）。土壤重金属污染是指由于人类活动将重金属带入到土壤中，致使土壤中重金属含量明显高于背景含量，并可能造成现存的或潜在的土壤质量退化、生态与环境恶化的现象。土壤重金属污染具有隐蔽性、累积性、不可降解和长期性等特点，不仅直接导致耕地土壤退化、农产品品质及产量下降，还可通过食物链危及全球生态系统安全，已成为当前制约人类社会可持续发展并亟待解决的全球性环境问题（党民团等，2020）。

土壤作为人类社会生产、生活中不可缺少的物质基础，是人类赖以生存的自然环境，是各种植物、动物、微生物的主要栖息场所，同时又是各种污染物的最终归宿。随着工业化的不断快速发展，矿山开采、金属冶炼、化工、电池制造等涉及重金属排放的行业越来越多，重金属的污染物排放量也在逐年增加，再加之一些违规违法企业超标排污等问题突出，使得重金属污染呈现一个高发的态势（张玉斌，2012）。《全国土壤污染状况调查公报》指出，全国土壤污染总超标率达16.1%，其中重度、中度、轻度、轻微分别占 1.1%、1.5%、2.3%和 11.2%，镉、汞、砷（As）、铜、铅、铬、锌、镍等重金属或类金属污染物超标率分别为 7.0%、1.6%、2.7%、2.1%、1.5%、1.1%、0.9%和4.8%（环境保护部和国土资源部，2014）。

按照进入途径的不同，土壤中重金属的来源主要可分为以下 4 种：①随大气沉降进入土壤，重金属的主要来源是冶金、能源、交通和建材生产中产生的气体和粉尘；②随污水进入土壤，重金属的来源主要是城镇生活污水、石油化工污水、混合污水等；③随固体废弃物进入土壤，固体废弃物多数成分复杂且种类繁多，不同固体废弃物的危害和污染程度各不相同，其中来自矿业和工业的废弃物污染最严重；④随农用物资进入土壤，重金属的来源主要是农药、化肥及地膜的长期不合理使用导致（杨晶媛和和丽萍，2014）。

重金属在土壤中迁移性差，停留时间长，难以被生物所降解，且能通过食物链在生物体内不断富集，生态危险性高。其危害主要表现在：降低土壤肥力，使土壤退化；破坏生态环境，降低作物产量与品质；通过冲刷、径流和雨水淋溶等作用扩散，造成周围水环境污染；通过自然生态系统食物链传递，对人类健康，甚至是生命造成危害；重金属影响植物基因的表达，如受重金属污染的植物体内细胞核、核仁严重遭到破坏。导致染色体复制和 DNA 合成受阻，Cd 和 Pb 能与带负电荷的核酸结合，降低 RNA 和 DNA 活性，干扰植物体内的转录，导致 RNA的合成受到抑制等（郑姗和邱栋梁，2006）。

土壤重金属污染治理方法大体上可分为物理方法、化学方法和生物方法，由于物理和化学方法对技术的要求比较苛刻，另外其经济成本也比较高，而且容易对土壤造成二次污染，以及修复的过程当中可能会对土壤的结构造成破坏等，种种不利因素限制了其大规模的推广应用。生物方法又称为生物修复技术，是指利用某些特殊的植物、微生物和动物的生命代谢活动，吸收和降解土壤中的重金属或使重金属形态转化，以降低其毒性，从而净化土壤。生物修复技术包括植物修复法、微生物修复法和动物修复法。下面主要介绍植物修复法。

植物修复法是利用植物将土壤中的重金属吸收、转移或降解利用，然后再将植物回收处理，完成土壤污染治理与生态修复。根据修复的机理，植物修复法可分为植物固定、植物提取、植物挥发、根际过滤、植物修复和植物降解。①植物固定，该方法是利用特殊植物的吸收、螯合、络合、沉淀、分解、氧化还原等多种过程，将土壤中的大量有毒重金属进行钝化或固定，以降低其生物有效性及迁移性，防止其进入食物链和地下水，将其转化为相对环境友好的形态，从而减少其对生物和环境的危害；生物固定的主要作用机理是通过改变根际环境的 pH 和 Eh 值，使金属在根部积累、沉淀或被根表吸收，以此来加强土壤中重金属的固化（邢艳帅等，2014），由于植物固定只是一种原位降低重金属污染物的生物有效性途径，所以并不能彻底去除土壤中的重金属，随着土壤环境条件的变化，被固定下来的重金属可能重新释放而进入循环体系，重金属的生物有效性可能也随之改变，从而重新危害环境，在实际应用中受到一定的限制，所以植物固定技术一般适用于表面积大、土壤质地黏重等相对污染严重的情况，有机质含量越高对植物固定越有利。②植物提取，植物提取又称为植物萃取，是指利用对重金属富集能力较强的超富集植物吸收土壤中的重金属污染物，然后将其转移、贮存到植物茎、叶等地上部分，通过收割地上部分并进行集中处理，从而达到去除或降低土壤中重金属污染物的目的。植物提取有很多优点，如成本低、不易造成二次污染、保持土壤结构不被破坏等，受到国内外专家学者越来越多的关注与研究，植物提取修复是目前研究最多也是最有发展前途的一种植物修复法，此方法的关键在于寻找合适的超富集植物和通过人为的方法诱导出超级富集体。③植物挥发，植物挥发是利用植物的吸收、积累和挥发而减少土壤中重金属污染物的一种方法，即利用植物本身的功能将土壤中的重金属吸收到体内，通过蒸腾作用使其转化为气态，然后从叶面蒸发到大气中，从而去除土壤中的重金属。植物挥发是一种行之有效的修复措施，但应用范围比较局限，且重金属元素通过植物转化挥发到了大气中，只是改变了重金属存在的介质，当这些元素与雨水结合，而又散落到土壤中，容易造成二次污染，又重新对人类健康和生态系统造成威胁（沈德中，2002）。④根际过滤，根际过滤是指通过利用耐性植物根系特性，改变根际环境，使重金属的形态发生变化，然后通过植物根系的吸收、积累和沉淀保持在根部，从而降低重金属对土壤造成污染的一种治理方法。这种方法的机理是减少重金属在土壤中的移动性。所以，植物根系表面积越大，根际过滤效应越好。⑤植物修复，又称植物辅助生物修复技术，是指植物利用根际促生菌分泌的分泌物，如糖、酶、氨基酸等物质促进生活在根系周围土壤中的微生物的活性和生化反应，有利于土壤中重金属的释放，从而促进植物对重金属的吸收。根际促生细菌是指在植物根际土壤环境中，依附在植物根际表面，能够显著促进植物生长的一类细菌的总称。植物根际促生菌分泌物不但可以供给植物必要的生长调节因子和营养物质来提高植物的生物生长量，提高重金属在土壤中的有效态含量，还可以促进植物对重金属的吸收和向地上部分的转移，从而提高对土壤中重金属污染的植物修复效率（邢艳帅等，2014）。⑥植物降解，植物降解是指植物利用根系分泌出的一些特殊化学物质，通过根系的分解、沉淀、螯合、氧化还原等多种过程使土壤中毒性较大的重金属污染物转化为毒性较小或者无毒的物质，降低自由离子的活度系数，减少其对生物和环境的危害的一种方法。例如，小麦可以通过分泌有机酸来复合或整合土壤中的有效镉，从而可以有效地降低土壤中 Cd 的有效性（万敏等，2003）。

随着经济的发展，人类的工业活动如工矿企业、冶炼厂的出现，大量富含重金属的废水排入河流、湖泊水体。镉是毒性最强的重金属之一，镉以尾矿和冶炼废渣、废气、废水形式排放至环境，由于其在土壤中具有较强的化学活性，易被植物所吸收，使土壤和农作物受镉污染严重。

镉对植物的影响主要表现在：①影响植物的生长发育，镉存在剂量效应，在一定浓度范围内镉能促进某些植物的生长，但是随着镉浓度的升高，植物的生长发育受到镉显著或极显著的抑制；②植物的光合作用下降，原因，一是镉抑制合成叶绿素所需的酶的活性，使叶绿素含量降低，二是镉降低了光系统 I 和光系统 II 的效率；③增大细胞膜的透性，镉导致膜脂过氧化，膜的孔隙及透性因此增大；④影响植物体内三大保护酶系统（SOD、CAT 和 POD），当镉含量升高时，这 3 种酶的活性先升高后下降，但也有研究发现 POD 的活性随镉浓度的升高而增强，镉之所以对植物体内酶的活性有影响，可能是因为它占据了这些酶的活性中心，从而改变了这些酶的活性，使得酶不能发挥正常作用（俞萍等，2017）。

土壤重金属污染日益严重，严重威胁粮食安全生产和人类健康，污染治理备受关注。土壤重金属污染治理难度大，是水域重金属重要的内源污染之一。而植物修复土壤重金属污染是颇具潜力的治理方法，通过植物生长对土壤和水中的重金属进行吸收、转移或者固定，去除土壤和水源中的重金属或减低其活性，从而降低重金属的环境生态风险。植物修复作为一种生态友好型原位绿色修复技术成为土壤修复研究的热点，具有廉价、安全及美化环境的优点。因此研究耐镉植物在土壤重金属修复方面的应用具有重要意义。

本研究采用水培实验，在岭南师范学院实验楼阳台进行，选择铺地锦竹草作为研究对象。2016 年 5 月 27 日将生长状况良好且基本一致的铺地锦竹草草皮分别移栽至平底塑料盘（长 20 cm×宽 15 cm×高 5 cm）中，共 5 盘，每盘分别加入 1.5 kg 的细沙和含 0 mmol/L、1 mmol/L、3 mmol/L、5 mmol/L 和 7mmol/L 镉（Cd）的 Hoagland 培养液 1 L。每天傍晚用称重法补充蒸发失去的水分。2016 年 7 月 5 日取样测定含水量、膜透性、叶绿素含量、光合速率、过氧化氢酶活性、过氧化物酶活性和可溶性糖含量等指标。

4.6.1　Cd 胁迫对铺地锦竹草生长的影响

如图 4-73a 所示，随 Cd 处理浓度增大，铺地锦竹草茎生长速度呈先下降，后平稳，再下降趋势。与对照比较，在 1 mmol/L、3 mmol/L、5 mmol/L 和 7 mmol/L Cd 下，茎生长速度分别下降了 29.2%、29.0%、29.4%和 44.7%，茎生长速度显著低于对照。

如图 4-73b 所示，随 Cd 处理浓度增大，铺地锦竹草的出叶速度呈先上升后下降趋势。与对照比较，在 1 mmol/L、3 mmol/L 和 5 mmol/L Cd 下，出叶速度分别上升了 58.7%、73.0%和 1.6%，1 mmol/L 和 3 mmol/L Cd 显著促进叶片生长。与对照比较，7 mmol/L Cd 的出叶速度下降了 25.4%，显著低于对照。

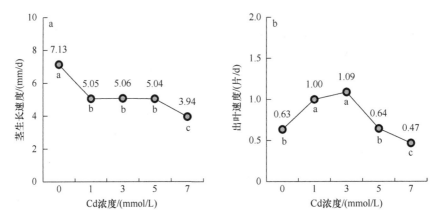

图 4-73　Cd 胁迫对铺地锦竹草茎生长速度（a）和出叶速度（b）的影响

4.6.2　Cd 胁迫对铺地锦竹草叶片含水量的影响

如图 4-74 所示，随 Cd 处理浓度增大，叶片含水量略微上升，但与对照比较没有显著差异。

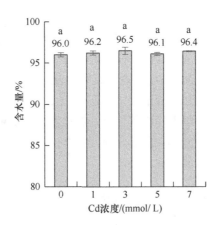

图 4-74　Cd 胁迫对铺地锦竹草叶片含水量的影响

4.6.3　Cd 胁迫对铺地锦竹草叶绿素含量的影响

如图 4-75 所示，随 Cd 处理浓度增大，铺地锦竹草叶片中的叶绿素含量呈现先上升后下降趋势，3 mmol/L Cd 下叶绿素含量最高，0～5 mmol/L Cd 处理的叶绿素含量没有显著差异，7 mmol/L Cd 处理的叶绿素含量显著降低。

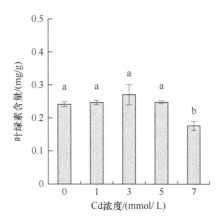

图 4-75　Cd 胁迫对铺地锦竹草叶片叶绿素含量的影响

不同小写字母表示处理间差异显著（$P<0.05$），均值±标准差

4.6.4　Cd 胁迫对铺地锦竹草光合作用参数的影响

由图 4-76a 可以看出，随 Cd 处理浓度增大，铺地锦竹草的光合速率呈先上升后下降趋势。1～3 mmol/L Cd 处理的铺地锦竹草的光合速率与对照组差异不显著。Cd 浓度≥5 mmol/L 时，铺地锦竹草光合速率显著低于对照。由图 4-76b 可以看出，

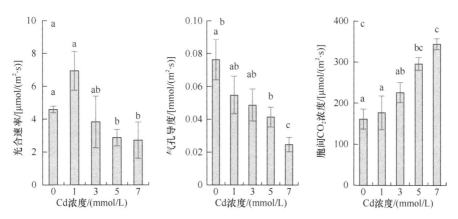

图 4-76　Cd 胁迫对铺地锦竹草光合速率（a）、气孔导度（b）和胞间 CO_2 浓度（c）的影响

不同小写字母表示处理间差异显著（$P<0.05$），均值±标准差

在 Cd 处理下，铺地锦竹草的气孔导度呈下降趋势。1～3 mmol/L Cd 处理的铺地锦竹草的气孔导度与对照组差异不显著。Cd 浓度≥5 mmol/L 时，铺地锦竹草气孔导度显著低于对照。由图 4-76c 可以看出，在 Cd 处理下，铺地锦竹草的胞间 CO_2 浓度呈上升趋势。1～3 mmol/L Cd 处理的胞间 CO_2 浓度与对照组差异不显著。Cd 浓度≥5 mmol/L 时，胞间 CO_2 浓度显著高于对照。

4.6.5　Cd 胁迫对铺地锦竹草 Cd 含量的影响

如图 4-77 所示，随 Cd 处理浓度增大，铺地锦竹草根、茎和叶的 Cd 含量都呈上升趋势。从 Cd 的分布部位来看，根部积累最多，茎次之，叶片积累最少。

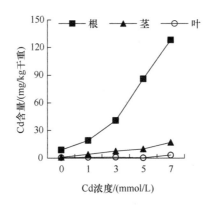

图 4-77　Cd 胁迫对铺地锦竹草 Cd 含量的影响

4.6.6　讨论

Cd 是一种对植物有毒的非必需元素，易被植物吸收、富集，过量的 Cd 会影响植物的正常生长发育（张金彪和黄维南，2007）。有研究表明，Cd 胁迫下植物的株高、生物量等生长指标会受到一定的抑制作用（Hassan et al.，2005）。秀水 63 和丙 97252 两种水稻在小于 1000 倍浓度的 Cd 水平（1～5 μmol/L）下，显著抑制生长（邵国胜等，2004）；当 Cd 浓度达 1 mg/L 时，向日葵幼苗整株植物生物量仅为对照的 55.9%（郭艳丽等，2009）；玉豆在 2 mg/L Cd 胁迫下受到明显的抑制（李冬琴等，2015）；但对于耐 Cd 性较强的长春花，当 Cd 处理浓度≤10 mg/kg 时无明显影响，当 Cd 处理浓度≥25 mg/kg 时才明显抑制生长（刘柿良等，2013）。在本实验中，Cd 抑制铺地锦竹草茎的生长，但 Cd 浓度为 1～3 mmol/L 时促进叶的生长，这与 Cd 浓度为 0.5～1.0 mg/L 时促进万寿菊和金盏菊生长的结果一致（王利芬等，2019），表明铺地锦竹草具有较强的耐 Cd 能力。

研究表明，Cd 能够引起植物体内氧化酶系统紊乱，降低叶绿素含量。叶绿素含量降低可能是因为植物吸收外界的 Cd 之后，在类囊体上沉积，并与膜上蛋白结合，进而破坏叶绿体酶系统和阻碍叶绿素的合成；也可能是重金属胁迫下活性氧自由基破坏了叶绿体结构功能或使叶绿素分解（张金彪，2000）。本实验发现，3 mmol/L Cd 溶液处理下铺地锦竹草的叶绿素含量反而升高，这可能是低浓度 Cd 胁迫对植物的生长发育有一定"激活效应"的结果（金海燕等，2009），超过这个适宜范围，随着 Cd 溶液浓度的升高，叶绿素含量越来越低，这时铺地锦竹草的生长被抑制，出现生长缓慢、植株矮小、叶片黄化等现象。

一般植物受到 Cd 胁迫时，叶绿体受到破坏，光合作用会受到抑制，光合效率降低。本实验结果表明，随着 Cd 浓度的增加，铺地锦竹草的光合速率先上升后逐渐降低，Cd 浓度为 1 mmol/L 时光合速率最高，说明低浓度 Cd 对铺地锦竹草的光合作用有促进作用，铺地锦竹草的耐 Cd 能力较强，能在一定 Cd 浓度下进行正常的光合作用。在大多数情况下，气孔导度下降将造成 CO_2 供应受阻进而使植物的光合速率下降。在本实验中，随着气孔导度的下降（图 4-76b），胞间 CO_2 浓度反而增大（图 4-76c），说明 Cd 胁迫并不能通过限制气孔导度来降低胞间 CO_2 浓度，从而降低铺地锦竹草的光合速率，高浓度 Cd（大于 5 mmol/L）导致的光合速率下降是非气孔因素引起的，如叶绿素被破坏（图 4-75）。

Cd 是毒性最强、易被植物吸收的非必需元素。转运系数反映了植物对体内重金属的转运能力，转运系数越低，重金属从植物根部向地上部的转运能力越弱（Hassan et al.，2005）。由实验结果可知，在 0 mmol/L、1 mmol/L、3 mmol/L、5 mmol/L 和 7 mmol/L 的 Cd 胁迫下，隔转运系数分别为 0.080、0.132、0.108、0.060 和 0.079，转运系数均小于 1，说明铺地锦竹草根部对 Cd 有较强的滞留作用，限制了过多的 Cd 转运到地上部器官，所以茎、叶中 Cd 含量较少，特别是叶中最少（图 4-77），从而减轻 Cd 对植物体地上器官的毒害，缓解 Cd 对重要生命活动如光合作用的影响，这可能是铺地锦竹草耐受 Cd 胁迫的生理机制之一。Cd 主要在根部积累的原因，可能是 Cd 经过根系吸收后，首先进入根的皮层细胞，与皮层细胞中的蛋白质、多糖等结合，形成稳定的大分子络合物。

综上所述，铺地锦竹草具有较强的耐 Cd 能力，可用于修复 Cd 污染土壤。

4.7　修剪对铺地锦竹草生长的影响

修剪是草坪管理的重要措施之一，一般认为，定期适当进行修剪给草坪草以适度的刺激，可抑制其向上生长，保持草坪平整，促进草的分枝，利于匍匐枝的伸长，提高草坪的密度，改善透气性，减少病虫害的发生，抑制生长点较高的杂草的竞争能力（张艾青等，2013）。修剪不当也会给草坪带来不良影响，如增加耗水量和降低生物量（李淑芹等，2007）。

草坪修剪中常遵循 1/3 原则，即剪掉部分不能超过草坪草茎叶自然高度的 1/3，但因草坪用途、草种、生长季节和地区的不同而异。如果草坪草被修剪得太低，将会使草坪草根茎受到损伤，大量生长点被剪掉，从而降低草坪草的再生力。同时，被剪除大量枝叶组织，势必降低植物的光合作用，导致根系变浅，从而降低了草坪草从土壤中吸收营养和水分的能力。久而久之，消耗大于合成，致使草坪逐渐衰退。

铺地锦竹草是一种含水量非常高的植物，茎叶娇嫩，是否适合修剪和修剪对其造成的影响还未见报道。

4.7.1 修剪方式对铺地锦竹草生长的影响

实验材料为铺地锦竹草，由岭南师范学院草业实验基地提供。于 2018 年 4 月 1 日将供试材料移栽在有网孔的育苗托盘中（长 50cm×宽 30cm×高 5cm）。初期放置在岭南师范学院草业实验基地的塑料大棚中培养。2018 年 7 月 1 日将育苗托盘移至岭南师范学院第四教学楼的屋顶。2018 年 7 月 16 日进行修剪，修剪方式分为不修剪（对照）、剪茎尖、剪除 1/3、剪除 1/2 共 4 种处理；每个处理重复 6 次，实验从 2018 年 7 月 16 日开始，至 2018 年 11 月 14 日结束。

4.7.1.1 修剪方式对铺地锦竹草高度的影响

如图 4-78 所示，修剪程度越大，铺地锦竹草高度越小，铺地锦竹草高度大小顺序为对照（不修剪）>剪茎尖>剪 1/3>剪 1/2，修剪后高度比对照分别下降了 13.5%、35.1% 和 53.0%，都显著低于对照，说明不修剪有利于铺地锦竹草生长。

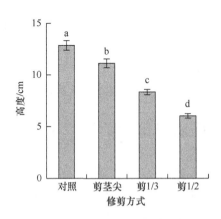

图 4-78 修剪方式对铺地锦竹草高度的影响

不同小写字母表示处理间差异显著（$P<0.05$），均值±标准差

4.7.1.2　修剪方式对铺地锦竹草茎直径的影响

如图 4-79 所示，铺地锦竹草茎的直径大小顺序为对照（不修剪）＝剪茎尖＞剪 1/3＞剪 1/2，修剪后的茎直径比对照分别下降了 0、2.5%和 5.0%，但处理间没有显著差异，说明修剪对铺地锦竹草的茎直径没有影响。

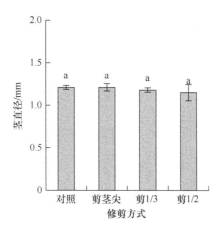

图 4-79　修剪方式对铺地锦竹草茎直径的影响
不同小写字母表示处理间差异显著（$P<0.05$），均值±标准差

4.7.1.3　修剪方式对铺地锦竹草盖度的影响

如图 4-80 所示，铺地锦竹草的盖度大小顺序为对照（不修剪）＞剪茎尖＞剪 1/3＞剪 1/2，修剪程度越大，盖度越小，修剪后的盖度比对照分别下降了 9.1%、11.8%和 14.0%，都显著低于对照，说明不修剪有利于铺地锦竹草生长。

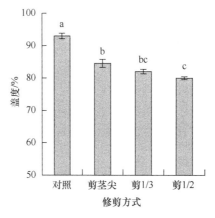

图 4-80　修剪方式对铺地锦竹草盖度的影响
不同小写字母表示处理间差异显著（$P<0.05$），均值±标准差

4.7.1.4 修剪方式对铺地锦竹草生物量的影响

如图 4-81 所示,铺地锦竹草地上部和根系干重大小顺序均为对照(不修剪)>剪茎尖>剪 1/3>剪 1/2,修剪程度越大,生物量越小。修剪后,地上部干重分别比对照下降了 16.0%、39.3%和 40.7%,剪 1/3 和剪 1/2 的地上部干重都显著低于对照;根系干重分别比对照下降了 27.7%、79.7%和 87.6%,剪 1/3 和剪 1/2 的根系干重都显著低于对照。说明剪茎尖对铺地锦竹草生物量没有显著影响,而剪 1/3 和剪 1/2 显著降低了铺地锦竹草的生物量。

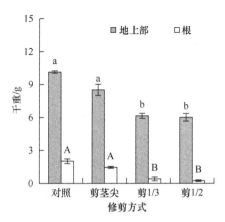

图 4-81 修剪方式对铺地锦竹草生物量的影响

不同小写字母表示处理间的地上部干重差异显著,

不同大写字母表示处理间的根系干重差异显著($P<0.05$),均值±标准差

4.7.2 修剪次数对铺地锦竹草生长的影响

实验材料为铺地锦竹草,由岭南师范学院草业实验基地提供。于 2018 年 4 月 1 日将供试材料移栽在有网孔的育苗托盘(长 50 cm×宽 30 cm×高 5 cm)中。初期放置在岭南师范学院草业实验基地的塑料大棚中。2018 年 7 月 1 日将育苗托盘移至岭南师范学院第四教学楼的屋顶。2018 年 7 月 16 日进行修剪,修剪处理分为不修剪(修剪 0 次)、修剪 1 次和修剪 3 次,修剪高度为剪除 1/3,每个处理重复 6 次。实验从 2018 年 7 月 16 日开始,2018 年 11 月 14 日结束。

4.7.2.1 修剪次数对铺地锦竹草高度的影响

如图 4-82 所示,铺地锦竹草高度的大小顺序为对照(修剪 0 次)>修剪 1 次>修剪 3 次,修剪次数越多,高度越小,修剪后的高度分别比对照下降了 32.8%和 35.1%,都显著低于对照,说明修剪抑制了铺地锦竹草的正常生长。

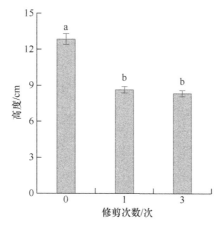

图 4-82 修剪方式对铺地锦竹草高度的影响

不同小写字母表示处理间差异显著（$P<0.05$），均值±标准差

4.7.2.2 修剪次数对铺地锦竹草茎直径的影响

如图 4-83 所示，铺地锦竹草茎直径的大小顺序为对照（修剪 0 次）>修剪 1 次>修剪 3 次，修剪次数越多，茎直径越小，修剪后的茎直径分别比对照下降了 2.5% 和 13.2%，修剪 3 次的茎直径显著低于对照。修剪抑制了草茎的生长。

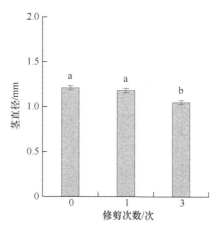

图 4-83 修剪次数对铺地锦竹草茎直径的影响

不同小写字母表示处理间差异显著（$P<0.05$），均值±标准差

4.7.2.3 修剪次数对铺地锦竹草盖度的影响

如图 4-84 所示，铺地锦竹草盖度的大小顺序为对照（修剪 0 次）>修剪 3 次>修剪 1 次，修剪 1 次和 3 次后的盖度分别比对照下降了 11.8% 和 8.6%，都显著低于对照，说明不修剪有利于铺地锦竹草的盖度提高。

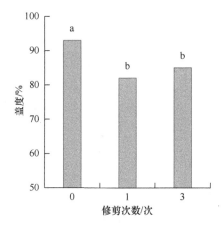

图 4-84 修剪次数对铺地锦竹草盖度的影响

不同小写字母表示处理间差异显著（$P<0.05$），均值±标准差

4.7.2.4 修剪次数对铺地锦竹草生物量的影响

如图 4-85 所示，铺地锦竹草地上部和根干重的大小顺序均为对照（修剪 0 次）>修剪 3 次>修剪 1 次。修剪后的地上部干重分别比对照下降了 39.3%和 13.7%，都显著低于对照；修剪后的根系干重分别比对照下降了 79.7% 和 28.2%，都显著低于对照。

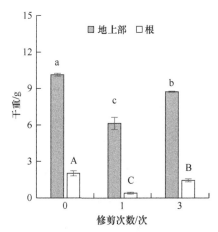

图 4-85 修剪次数对铺地锦竹草生物量的影响

不同小写字母表示处理间地上部干重差异显著，
不同大写字母表示处理间根系干重差异显著（$P<0.05$），均值±标准差

4.7.2.5 讨论

植物的生长高度是一种重要的生长指标，它能反映植株的生长状态。研究表

明，草坪草的生长速度随着留茬高度的增加和修剪频率的降低而呈现上升的趋势（锡林图雅等，2009）。本次实验与前人研究基本一致，通过对铺地锦竹草再生长高度的观察，发现多次修剪与一次修剪相比较，后者更能促进铺地锦竹草再生长高度的增长；而不同修剪方式相比，对照组的再生长高度最大，说明不修剪状态下铺地锦竹草的高度最大。

植被盖度是综合衡量地表植被覆盖状况的重要量化指标之一（张永等，2017）。通过对铺地锦竹草进行不同修剪频度与修剪方式处理，发现修剪使铺地锦竹草的盖度显著降低，多次修剪的铺地锦竹草盖度高于一次修剪的盖度，不修剪的盖度最高。

地上生物量是衡量草坪草生长速度和再生长能力的重要标准之一（王婷等，2014）。如果修剪大量的草坪枝叶，会使植物的光合作用减弱、根系变浅，草坪草地下部分吸收营养和水分的能力下降，从而消耗大部分的贮存养分，导致草坪逐渐退化（刘英年和袁浩，2006）。本研究结果表明，修剪使铺地锦竹草地上部生物量显著降低，多次修剪的铺地锦竹草地上部生物量高于一次修剪的生物量，不修剪的生物量最高。

地下部分生物量是体现草坪质量的内在指标，也是草坪能不能长期维持和应用的关键（王婷等，2014）。研究证明修剪对地下部分的生长和生物量的积累具有一定的副作用，使其生产能力大大减弱，并且这种减弱趋势随着修剪次数的增加而更加明显（郭正刚等，2004）。本次实验与前人研究基本符合，实验观察发现，随着修剪频度的增加，铺地锦竹草根系生物量也增加；而铺地锦竹草的高度随着留茬高度的降低而呈下降趋势，说明多次修剪的铺地锦竹草根系比一次修剪生长得好，而不修剪的铺地锦竹草根系生长最好。

4.8　铺地锦竹草遮阴效应研究

光照是植物能量的主要来源，是绿色植物通过光合作用将水和二氧化碳转变成有机物和化学能的唯一动力。作为植物生长的必需因素之一，光照在植物的生长发育、形态结构和生理生化响应等方面都起着重要的作用。植物正常生长需要适宜的光照度，过高的光照度会导致光抑制，而过低的光照度会限制光合作用的进行，抑制植物生长。

植物的耐阴性是指植物在弱光照条件下的存活能力，主要由植物的遗传特性及植物对外界光照条件的适应性两个方面所决定。遮阴是指植物在足够长的时间内生活在非饱和光量子密度条件下，即光照受到限制。遮阴可有效减少到达地面的太阳辐射量，进而改变影响植物个体生长的其他环境因子，如温度、湿度、水分等，使植物在光合作用、干物质积累和形态构成等生长发育的各个方面都产生相应的变化（刘金祥等，2015）。

遮阴对植物生长发育的影响主要是通过对光照辐射的直接影响和对其他环境因子的间接影响来综合起作用的。遮阴处理可以使植物避免直接暴露于外界高温、高光强和干旱等极端自然条件下，对恶劣环境因子的影响，包括对昼夜和季节间的温度变化，有一定的缓和作用。遮阴会造成光照度下降，植物通常会增加株高、叶面积和比叶面积，减小根冠比，增加叶绿素含量（杨柳等，2018）。

将生长健壮且长势一致的铺地锦竹草植株按照株行距 3 cm×1 cm 定植于长 60 cm×宽 24 cm×高 3 cm 的有网孔花盘中，种植基质为岭南师范学院草业基地耕作层土壤，在自然条件下进行培养。待铺地锦竹草生长状态稳定时，选取长势一致的铺地锦竹草于 2018 年 6 月 29 日移种在岭南师范学院第四教学楼 B 栋实验楼屋顶进行遮阴处理。遮阴棚长 2.55 m、宽 2.1 m、高 1.6 m。对铺地锦竹草采用不同层数的黑色遮阴网进行遮阴处理，遮阴度通过增加遮阴网层数进行调整，遮阴网层数分别设置为 3 层、2 层和 1 层。各遮阴处理用照度计测定光照强度分别为 6980 lx、1280 lx、880 lx，以全光照（光强为 23 140 lx）作为对照组（CK）。通过计算，各遮阴处理的遮阴率分别为：70%、94% 和 96%。分别在遮阴处理后的 30 d（2018 年 7 月 29 日）、45 d（2018 年 8 月 16 日）、195 d（2019 年 1 月 16 日）和 265 d（2019 年 3 月 26 日）测定相关指标（分别为适应期、前期、中期和后期）。每个处理组重复 5 次。

4.8.1　遮阴处理对铺地锦竹草盖度的影响

如表 4-5 所示，同一时期不同遮阴率处理下：①在适应期（30 d），随遮阴率加大，铺地锦竹草的盖度增加，表现为遮阴率 96%＝遮阴率 94%＞遮阴率 70%＞CK，其中，CK 组盖度最小，为 74%，由于铺地锦竹草刚从实验基地搬到屋顶一个月，此时正值高温时期（七月），遮阴有利于降温，促进铺地锦竹草生长，因而遮阴 94% 和遮阴 96% 的盖度显著高于 CK；②前期（45 d），结果与适应期相似，随遮阴率提高铺地锦竹草的盖度增加，表现为遮阴率 96%＞遮阴率 94%＞遮阴率 70%＞CK，此时正值高温时期（八月），遮阴有利于降温，促进铺地锦竹草生长，因而遮阴率 94% 和遮阴率 96% 的盖度显著高于 CK；③中期（195 d），随遮阴率提高，铺地锦竹草盖度呈现先增加后减少的趋势，具体表现为遮阴率 94%＞遮阴率 96%＞遮阴率 70%＞CK，其中 CK 组盖度最小，为 74%、94% 遮阴率下盖度最大，为 91%，说明此时铺地锦竹草在遮阴率为 94% 条件下生长较好，当遮阴率由 94% 加强到 96% 时，盖度有所下降，但幅度不大，说明遮阴率的进一步加强对铺地锦竹草生长产生了一定的不利影响，因为此时为一月，光照不够充分；④后期（265 d），遮阴处理的盖度显著高于 CK，并且所有遮阴处理的盖度都一样，说明此时（三月）遮阴有利于铺地锦竹草的生长，不同遮阴率对铺地锦竹草盖度影响无差异。

表 4-5　遮阴对铺地锦竹草盖度的影响（%）

遮阴率	遮阴 30d	遮阴 45d	遮阴 195d	遮阴 265d
CK	74 aA	85 aAB	74 aA	92 aB
70%	82 aA	88 abAB	82 abA	98 bB
94%	96 bB	94 bcAB	91 bcA	98 bB
96%	96 bB	96 cB	88 cA	98 bB

注：表中同一列数字后的不同小写字母表示同一时期不同遮阴率间差异显著，同一行数字后不同大写字母表示同一遮阴率不同遮阴天数间差异显著（$P<0.5$）

如表 4-5 所示，不同时期同一遮阴率处理下：①在全日照下，铺地锦竹草盖度随季节的变化呈现先增加后减少再增加的趋势，表现为后期>前期>中期=适应期，适应期、中期的盖度与后期均存在显著差异。适应期盖度最小，为 74%，是因为此时铺地锦竹草刚从实验基地搬到屋顶，对屋顶环境还不适应，到前期后，随着铺地锦竹草对屋顶环境的适应，其盖度有所增加。中期，正值寒冬，部分铺地锦竹草开始枯萎甚至死亡，因而盖度下降。到后期，春季天气暖和，降水多，铺地锦竹草快速生长，盖度增加。②在 70%遮阴率下，铺地锦竹草盖度随季节的变化呈现先增加后减少再增加的趋势，表现为后期>前期>中期=适应期，后期盖度最大，达 98%，适应期、中期盖度与后期存在显著性差异，从适应期到前期，铺地锦竹草盖度随遮阴时间加长而增加，说明 70%遮阴率有利于铺地锦竹草生长；但到了中期，由于冬季环境的影响，铺地锦竹草盖度较前期有所下降，到后期，温度升高、降水增多，其盖度又快速增长。③在 94%遮阴率下，铺地锦竹草盖度随季节的变化表现为先减少后增加的趋势，呈现为后期>适应期>前期>中期，说明在遮阴 94%下，从适应期到中期，铺地锦竹草生长受遮阴胁迫，其盖度在减小，到后期，随遮阴时间加长，铺地锦竹草盖度反而增加，是由于春季环境适宜，铺地锦竹草快速生长，其盖度由中期的 91%上升到 98%。④在 96%遮阴率下，铺地锦竹草盖度随季节的变化呈现先减少后增加的趋势，表现为后期>适应期=前期>中期。适应期、前期、后期与中期均存在显著性差异。

总之，各种遮光条件下，一月铺地锦竹草的盖度最低，三月最高。

4.8.2　遮阴处理对铺地锦竹草叶片相对含水量的影响

如表 4-6 所示，同一时期不同遮阴率处理下：①在适应期，遮阴下的铺地锦竹草的相对含水量变化不大，均较 CK 组低，但差异不显著；②在前期，遮阴的铺地锦竹草的相对含水量变化不明显，与 CK 组相当；③在中期，随着遮阴率增大，铺地锦竹草相对含水量呈现先降低后升高的趋势，表现为 CK>遮阴率 96%>遮阴率 94%>遮阴率 70%，CK 组相对含水量最大，为 77.8%，70%遮阴率下最小，为 68.3%；④在后期，随着遮阴率增大，铺地锦竹草的相对含水量呈现先降低后上升的趋势，表现为 CK>遮阴率 70%>遮阴率 96%>遮阴率 94%，CK 组含水量最大，为 98.2%，94%遮阴率下最小，为 91.8%。

表 4-6　遮阴对铺地锦竹草叶片相对含水量的影响（%）

遮阴率	遮阴 30d	遮阴 45d	遮阴 195d	遮阴 265d
CK	94.8 aA	97.2 aA	77.8 aB	98.2 aA
70%	92.8 aA	97.7 aA	68.3 bB	94.3 bA
94%	92.9 aA	97.5 aA	69.4 bB	91.8 bA
96%	93.2 aA	97.0 aA	74.3 abB	92.8 bA

注：表中同一列数字后的不同小写字母表示差异显著，同一行数字后不同大写字母表示差异显著（$P<0.5$）

不同时期同一遮阴率处理下，随遮阴时间变长，铺地锦竹草中期的相对含水量大幅度下降，其他时期含水量变化不大，是因为中期正值寒冬，受天气影响，铺地锦竹草已大量枯萎或死亡，其含水量明显减少。而其他时期随遮阴时间变长，相对含水量变化不大，说明铺地锦竹草相对含水量受遮阴程度影响较小。

如表 4-7 所示，遮阴处理铺地锦竹草叶片含水量的变化与相对含水量的变化相似，但同一时期不同遮阴率处理间都没有显著差异。同一处理不同时期的含水量之间也不存在显著差异。

表 4-7　遮阴对铺地锦竹草叶片含水量的影响（%）

遮阴率	遮阴 30d	遮阴 45d	遮阴 195d	遮阴 265d
CK	94.2 aA	91.0 aA	92.9 aA	92.9 aA
70%	94.7 aA	91.8 aA	91.6 aA	91.7 aA
94%	95.0 aA	93.8 aA	90.5 aA	95.1 aA
96%	95.3 aA	93.7 aA	93.6 aA	91.1 aA

注：表中同一列数字后的不同小写字母表示差异显著，同一行数字后不同大写字母表示差异显著（$P<0.5$）

4.8.3　遮阴处理对铺地锦竹草叶片叶绿素含量的影响

如表 4-8 所示，同一时期不同遮阴率处理下：①在适应期，随遮阴率增大，铺地锦竹草叶绿素含量增加，表现为遮阴率 96%>遮阴率 94%>遮阴率 70%>CK，其中 CK 组叶绿素含量最小，为 0.176 mg/g，遮阴率 96%时最大，为 0.565 mg/g，说明铺地锦竹草喜阴、耐阴能力强，CK 组与遮阴率 70%、94%、96%组均存在显著差异，70%遮阴率下的叶绿素含量与 94%、96%遮阴率存在显著差异；②在前期,随遮阴率提高,铺地锦竹草叶绿素含量增加,表现为遮阴率 96%>遮阴率 94%>遮阴率 70%>CK,CK 组叶绿素含量最小,为 0.121 mg/g,在 94%和 96%遮阴率下铺地锦竹草叶绿素含量基本相当,说明当遮阴率由 94%加强到 96%时,对叶绿素含量影响小,CK 组与遮阴率 70%、94%、96%组均存在显著差异,70%遮阴率下的叶绿素含量与 94%、96%遮阴率存在显著差异;③在中期,随遮阴率提高,铺地锦竹草叶绿素含量呈现先增加后减少趋势,表现为遮阴率 70%>遮阴率 96%>遮阴率 94%>CK,CK 组叶绿素含量最小,为 0.223 mg/g,70%遮阴率时最大,为 0.548 mg/g,说明此时期铺地锦竹草在 70%遮阴率下较遮阴率 94%和 96%生长得好,96%遮阴率下的叶绿素含量与遮阴率 94%的相当,CK 组与遮阴率 70%、94%、96%组的叶绿素含量均存在显著差异;④在后期,随着遮阴率提高铺地锦竹草叶绿素含量增加,表现为遮阴率 96%>遮阴率 94%>遮阴率 70%>CK,其中 CK 组最小,为 0.104 mg/g,96%遮阴率下最大,96%遮阴率下叶绿素含量与遮阴率 94%的叶绿素含量相差不大,CK 组与遮阴率 70%、94%、96%组存在显著差异,遮阴率 70%组的叶绿素含量也显著低于遮阴率 94%、96%组。

表 4-8　遮阴对铺地锦竹草叶绿素含量的影响（mg/g）

遮阴率	遮阴 30d	遮阴 45d	遮阴 195d	遮阴 265d
CK	0.176 a	0.121 a	0.223 a	0.104 a
70%	0.316 b	0.244 b	0.548 b	0.245 b
94%	0.524 c	0.456 c	0.459 b	0.384 c
96%	0.565 c	0.477 c	0.460 b	0.387 c

注：表中同一列数字后的不同字母表示差异显著（$P<0.5$）

不同时期同一处理下:①在全光照和 70%遮阴率条件下,随季节变化,铺地锦竹草的叶绿素含量呈现先减少后增加再减少的趋势;②在遮阴率 94%和 96%下,随遮阴时间加长,铺地锦竹草的叶绿素含量呈下降趋势。

4.8.4　讨论

遮阴可使植物生长和生理发生一系列变化,适当的遮阴有利于植物的生长(王梅等,2017)。盖度是指植物地上部分的垂直投影面积占地表面积的百分数,反映植被的茂密程度和植物进行光合作用面积的大小。本研究表明,在各个生长时期,遮阴显著提高了铺地锦竹草植被的盖度,遮阴率 96%的盖度最大,说明铺地锦竹草是极度喜阴植物。

叶绿素是植物进行光合作用的主要色素,其含量的多少与植物的光合作用强弱密切相关。本研究结果表明,在各个生长时期,遮阴显著增加铺地锦竹草叶片的叶绿素含量。这与香青和小花草玉梅在适度遮阴后叶绿素含量增加的研究结果一致（王梅等，2017）。遮阴使叶绿素含量增加的原因可能是光照减弱避免了强光对叶绿素的破坏。

实验中遮阴对铺地锦竹草叶片含水量影响很小，其原因是铺地锦竹草只有下表皮才有气孔，并且气孔密度很小（图3-6），因此，环境因素对其蒸腾作用影响小，水分散失少；同时，上表皮有大型贮水薄壁泡状细胞（图3-3），所以，无论环境如何变化，铺地锦竹草都能保持较稳定且很高的植株含水量，这也表明其具有高的抗高温、抗旱能力。

综上所述，铺地锦竹草是喜阴植物，在遮阴条件下生长更茂盛。在全光照条件下也能生长，但其季节间的盖度波动比遮阴的大，遇到光照不充分的季节，可恢复到繁茂生长状态。

参 考 文 献

白文波, 李品芳. 2005. 盐胁迫对马蔺生长及 K^+、Na^+吸收与运输的影响. 土壤, 37(4): 415-420.

包颖, 王嘉欣, 陈超, 等. 2020. NaCl 和 $NaHCO_3$ 胁迫对萱草金娃娃光合作用及叶绿素荧光特性的影响. 江苏农业科学, 48(3): 133-140.

蔡金峰, 曹福亮, 张往祥. 2014. 淹水胁迫对乌桕幼苗叶片质膜透性和渗透调节物质的影响. 东北林业大学学报, 42(2): 42-46.

蔡进, 刘志高, 季梦成, 等. 2019. 2 个铁线莲品种对淹水胁迫的生理响应. 江苏农业科学, 47(8): 154-158.

曹理智. 2018. 浅析屋顶花园建造中蓄排水和轻量化考量. 现代园艺, (12): 171-172.

常静, 郭磊, 巩在武. 2017. 低温弱光胁迫对辣椒叶片生理特性和光合特性的影响. 江苏农业科学, 45(10): 113-116.

陈光尧, 王国槐, 罗峰, 等. 2007. 甘蓝型油菜成熟角果内源激素对带壳种子发芽的影响. 作物学报, (8): 1324-1328.

陈全光, 戚大伟. 2011. 高温胁迫对黑皮油松主要生理指标的影响. 森林工程, 27(2): 16-18+22.

陈仁伟, 张晓煜, 杨豫, 等. 2020. 贺兰山东麓六个酿酒葡萄品种抗寒性比较. 北方园艺, (6): 43-48.

陈霞, 杨鹏军, 张旭强, 等. 2016. 转基因烟草在 PEG 6000 模拟干旱胁迫条件下的生理响应. 广西植物, 36(12): 1498-1504.

程宇飞, 刘卫东. 2017. 4 个品种新西兰麻的抗旱生理研究及评价. 经济林研究, (4): 164-170.

崔豫川, 张文辉, 李志萍. 2014. 干旱和复水对栓皮栎幼苗生长和生理特性的影响. 林业科学, 50(7): 66-73.

崔震海, 王艳芳, 樊金娟, 等. 2007. 植物渗透调节的研究进展. 玉米科学, (6): 140-143.

党民团, 刘娟, 杨珊. 2020. 土壤重金属污染及治理研究进展. 陕西农业科学, (6): 94-96.

邓凤飞, 杨双龙, 龚明. 2015. 外源 ABA 对低温胁迫下小桐子幼苗脯氨酸积累及其代谢途径的影响. 植物生理学报, 51(2): 221-226.

邓祥宜, 李继伟, 阳超男, 等. 2009. 淹水胁迫下小麦根通气组织形成的 PCD 特征及活性氧作用初探. 麦类作物学报, 29(5): 832-838.

丁慧芳, 杨文莉, 代红军, 等. 2020. 淹水对'美乐'葡萄光合作用及根系生理特性的影响. 中外葡萄与葡萄酒, (2): 9-14.

董宝娣, 张正斌, 刘孟雨, 等. 2004. 水分亏缺下作物的补偿效应研究进展. 西北农业学报, (3): 31-34.

樊菲菲, 袁位高, 李婷婷, 等. 2018. 水淹胁迫及排涝对榉树幼苗生长和生理特性的影响. 浙江林业科技, 38(1): 62-68.

冯慧芳, 薛立, 任向荣, 等. 2011. 4 种阔叶幼苗对 PEG 模拟干旱的生理响应. 生态学报, 31(2): 371-382.

高俊凤. 2006. 植物生理学实验指导. 北京: 高等教育出版社.

高英, 同延安, 赵营, 等. 2007. 盐胁迫对玉米发芽和苗期生长的影响. 中国土壤与肥料, (2): 30-34.

弓萌萌, 张培雁, 张瑞禹, 等. 2019. 干旱胁迫及复水处理对'秋福'红树莓苗期生理特性的影响. 经济林研究, (1): 94-99.

郭灿, 黄咏明, 吴强盛, 等. 2015. 淹水胁迫下 AM 真菌对桃根系脯氨酸含量及其代谢酶活性的影响. 贵州农业科学, 43(3): 51-53+57.

郭艳丽, 台培东, 韩艳萍, 等. 2009. 镉胁迫对向日葵幼苗生长和生理特性的影响. 环境工程学报, (12): 2291-2296.

郭正刚, 刘慧霞, 王彦荣. 2004. 刈割对紫花苜蓿根系生长影响的初步分析. 西北植物学报, (2): 215-220.

韩建民. 1990. 抗旱性不同的水稻品种对渗透胁迫的反应及其与渗透调节的关系. 河北农业大学学报, (1): 17-21.

贺鸿雁, 孙存华, 杜伟, 等. 2006. PEG 6000 胁迫对花生幼苗渗透调节物质的影响. 中国油料作物学报, 28(1): 76-78.

贺嘉, 王广东, 吴震. 2011. 高温胁迫对蝴蝶兰试管苗形态及叶片抗氧化特性的影响. 江苏农业科学, (1): 192-196.

胡永红, 蒋昌华, 秦俊. 2006. 植物耐热常规生理指标的研究进展. 安徽农业科学, (1): 192-195.

环境保护部, 国土资源部. 2014. 全国土壤污染状况调查公报. 国土资源通讯, (8): 26-29.

黄红缨, 王琪. 2005. 人体健康的卫士——超氧化物歧化酶(SOD). 化学教育, (4): 1-2+8.

黄丽芳, 刘建汀, 王彬, 等. 2018. 西葫芦过氧化物酶 POD1 基因的分离及表达分析. 福建农业学报, 33(9): 943-949.

季杨, 梁小玉, 易军, 等. 2017. 干旱——复水对鸭茅生长及补偿效益影响研究. 草学, (4): 18-21.

金春燕. 2011. 高温胁迫对番茄幼苗生长及生理代谢的影响. 南京: 南京农业大学硕士学位论文.

金海燕, 奚涛, 时唯伟, 等. 2009. 镉胁迫对矮生四季豆种子萌发和幼苗生长发育的影响. 中国农学通报, (1): 119-124.

赖金莉, 李欣欣, 薛磊, 等. 2018. 植物抗旱性研究进展. 江苏农业科学, (17): 23-27.

李春阳. 1998. 桉树的抗旱性研究进展. 世界林业研究, 11(3): 22-27.

李冬琴, 陈桂葵, 郑海, 等. 2015. 镉对两品种玉豆生长和抗氧化酶的影响. 农业环境科学学报, (2): 221-226.

李吉跃, 朱妍. 2006. 干旱胁迫对北京城市绿化树种耗水特性的影响. 北京林业大学学报, 28(S1): 32-37.

李娟娟, 许晓妍, 朱文旭, 等. 2012. 淹水胁迫对丁香叶绿素含量及荧光特性的影响. 经济林研究, 30(2): 43-47.

李钱鱼, 林盛松, 方少雄, 等. 2016. 不同栽培基质对铺地锦竹草(*Callisia repens*)生长的影响. 韶关学院学报, 37(10): 44-48.

李淑芹, 雷廷武, 詹卫华, 等. 2007. 修剪留茬高度对几种典型草坪草生长量与耗水量的影响. 中国农业大学学报, (4): 41-44.

李远航, 贺康宁, 张潭, 等. 2019. 盐胁迫对黑果枸杞光合生理指标的影响. 中国水土保持科学, 17(1): 82-88.

李月琴, 雷泞菲, 徐莺, 等. 2009. 高温胁迫对珙桐叶片生理生化指标的影响. 四川大学学报(自然科学版), 46(3): 809-813.

林丽仙, 李惠华, 张雪芹, 等. 2013. 甲醛对吊兰等植物细胞质膜相对透性和光合特性的影响. 热带作物学报, 34(4): 719-726.

林盛松, 邓国威, 侯瑞武. 2016. 铺地锦竹草在城市屋顶绿化中的应用. 花卉, (23): 18.

刘超, 袁满, 庄文化, 等. 2015. 基于相片 RGB 值提取的北川山地土壤颜色与有机质量化关系. 中国科技论文, 10(9): 1071-1075.

刘丹, 姜中珠, 陈祥伟. 2003. 水分胁迫下脱落酸的产生、作用机制及应用研究进展. 东北林业大学学报, (1): 34-38.

刘飞, 刘世英, 刘艳萍, 等. 2010. 高温胁迫下几个灌木树种的生理生化特性. 河南林业科技, 30(4): 12-13.

刘辉, 李德军, 邓治. 2014. 植物应答低温胁迫的转录调控网络研究进展. 中国农业科学, 47(18): 3523-3533.

刘金祥, 李文送, 张涛, 等. 2015. 神奇牧草 香根草研究与应用. 北京: 科学出版社.

刘蕾. 2012. 铺地锦竹草生物学特性及适应性研究. 南昌: 江西农业大学硕士学位论文.

刘林, 曹春信, 刘新华. 2015. 瓜菜类植物花粉超低温保存研究进展. 中国瓜菜, 28(2): 1-4+13.

刘孟雨, 陈培元. 1990. 水分胁迫条件下气孔与非气孔因素对小麦光合的限制. 植物生理学通讯, (4): 24-27.

刘梦娴. 2015. 干旱复水前后两种不同类型草坪草的生理响应. 南京: 南京农业大学硕士学位论文.

刘强, 周晓梅, 倪福太, 等. 2014. 盐胁迫下 5 种木本植物体内 Na^+、K^+ 含量变化及其与抗盐性的关系研究. 吉林师范大学学报(自然科学版), 35(1): 115-118.

刘柿良, 石新生, 潘远智, 等. 2013. 镉胁迫对长春花生长, 生物量及养分积累与分配的影响. 草业学报, 22(3): 154-161.

刘婷婷, 陈道钳, 王仕稳, 等. 2018. 不同品种高粱幼苗在干旱复水过程中的生理生态响应. 草业学报, 27(6): 100-110.

刘晓慧, 伍海兵, 张圣美, 等. 2020. 淹水胁迫对丝瓜幼苗生长及呼吸酶活性的影响. 江西农业学报, 32(3): 48-54.

刘雪凝. 2010. 高温胁迫对百合抗热性的影响. 保定: 河北农业大学硕士学位论文.

刘艳萍, 姚莹莹, 罗晓雅, 等. 2011. 高温胁迫对几种乔木树种生理生化特性的影响. 河南农业科学, 40(11): 126-128.

刘英年, 袁浩. 2006. 浅谈冷季型草坪草的修剪. 现代农业科技, (4): 40-41.

刘玉凤, 李天来, 高晓倩. 2011. 夜间低温胁迫对番茄叶片活性氧代谢及 AsA-GSH 循环的影响. 西北植物学报, 31(4): 707-714.

刘志刚, 范丙友, 王荣, 等. 2011. 植物抗热的解剖学与生理学研究进展. 湖北农业科学, 50(1): 17-20+55.

刘周斌, 周宇健, 杨博智, 等. 2015. 植物抗涝性研究进展. 湖北农业科学, 54(18): 4385-4389+ 4393.

鲁晓民, 曹丽茹, 张前进, 等. 2018. 不同基因型玉米自交系苗期干旱-复水的生理响应机制. 玉米科学, (2): 71-80.

路玉彦. 2011. 大麦对异常高温和低温耐性的差异性研究. 扬州: 扬州大学硕士学位论文.

吕高阳. 2011. 高温胁迫对胶东卫矛叶片丙二醛含量的影响. 天津农业科学, 17(6): 30-32.

骆俊, 韩金蓉, 王艳, 等. 2011. 高温胁迫下牡丹的抗逆生理响应. 长江大学学报(自然科学版), 8(2): 223-226+287-288.

马芳蕾, 陈莹, 聂晶晶, 等. 2016. 4 种芒属观赏草对干旱胁迫的生理响应. 森林与环境学报, (2): 180-187.

马进. 2009. 3 种野生景天对逆境胁迫生理响应及园林应用研究. 南京: 南京林业大学博士学位论文.

马玉花. 2013. 植物耐盐分子机理研究进展. 湖北农业科学, 52(2): 255-257+261.

毛常丽, 张凤良, 李小琴, 等. 2020. 橡胶树优树无性系自然越冬过程生理指标变化研究. 西北林学院学报, 35(2): 94-101.

欧祖兰, 曹福亮, 郑军. 2008. 高温胁迫下银杏形态及生理生化指标的变化. 南京林业大学学报 (自然科学版), (3): 31-34.

潘澜, 薛立. 2012. 植物淹水胁迫的生理学机制研究进展. 生态学杂志, 31(10): 2662-2672.

潘磊, 许杰, 杨帅, 等. 2020. 不同贮藏温度条件下 3 个烟草品种花粉活力、形态及生理指标变化. 作物杂志, (2): 112-118.

潘瑞炽, 王小菁, 李娘辉. 2012. 植物生理学. 7 版. 北京: 高等教育出版社.

潘雅楠, 沈永宝, 尹中明, 等. 2020. 淹水胁迫对 3 个基因型东方杉幼苗生理生化的影响. 安徽农业大学学报, 47(1): 82-87.

庞宏东, 胡兴宜, 胡文杰, 等. 2017. 淹水胁迫对3个树种叶绿素含量的影响. 湖北林业科技, 46(3): 7-10+17.

彭民贵. 2014. PEG-6000 模拟干旱胁迫下紫斑牡丹的生理响应及其抗旱性研究. 兰州: 西北师范大学硕士学位论文.

彭素琴. 2010. 植物水分胁迫研究进展. 安徽农业科学, 38(15): 7748-7749.

彭志红, 彭克勤, 胡家金, 等. 2002. 渗透胁迫下植物脯氨酸积累的研究进展. 中国农学通报, (4): 80-83.

钱永生, 王慧中. 2006. 渗透调节物质在作物干旱逆境中的作用. 杭州师范学院学报(自然科学版), (6): 476-481.

裘丽珍, 黄有军, 黄坚钦, 等. 2006. 不同耐盐性植物在盐胁迫下的生长与生理特性比较研究. 浙江大学学报(农业与生命科学版), 32(4): 420-427.

邵国胜, Hassan M J, 章秀福, 等. 2004. 镉胁迫对不同水稻基因型植株生长和抗氧化酶系统的影响. 中国水稻科学, (3): 57-62.

沈德中. 2002. 污染环境的生物修复. 北京: 化学工业出版社.

沈艳, 兰剑. 2006. 干旱胁迫下苜蓿抗旱性参数动态研究. 农业科学研究, (3): 21-23+30.

沈艳, 谢应忠. 2004. 牧草抗旱性和耐盐性研究进展. 宁夏农学院学报, (1): 65-69.

时丽冉, 牛玉璐. 2009. 干旱和盐胁迫对紫叶酢浆草光合性能和渗透调节能力的影响. 农业科技
　　与装备, 184(4): 5-7.

史湘华, 姜国斌, 殷鸣放, 等. 2007. 植物体内渗透调节物质及组织结构与耐盐性的关系. 内蒙
　　古林业调查设计, 107(1): 54-57.

宋福南, 杨传平, 刘雪梅, 等. 2006. Effect of salt stress on activity of superoxide dismutase (SOD)
　　in *Ulmus pumila* L. Journal of Forestry Research, 17(1): 13-16+86.

宋静爽, 吕俊恒, 王静, 等. 2019. 植物耐低温机制研究进展. 湖南农业科学, (9): 107-113.

苏鹏. 2010. 不同草坪草的温度胁迫抗性差异及其机理研究. 长沙: 湖南农业大学硕士学位论文.

孙凌霄, 金晓玲, 胡希军, 等. 2020. 广玉兰新品种'碧翠'的抗寒性评价及抗寒性指标筛选. 湖
　　南生态科学学报, 7(1): 33-39.

孙小芳, 刘友良. 2000. NaCl 胁迫下棉花体内 Na^+、K^+分布与耐盐性. 西北植物学报, 20(6): 1027-
　　1033.

孙震, 董丽, 高大伟. 2007. 四种野生地被植物抗热性的研究. 中国园林, (8): 24-27.

谭淑端, 朱明勇, 张克荣, 等. 2009. 植物对水淹胁迫的响应与适应. 生态学杂志, 28(9): 1871-1877.

谭永芹, 柏新富, 朱建军, 等. 2011. 干旱区五种木本植物枝叶水分状况与其抗旱性能. 生态学报,
　　(22): 6815-6823.

汤聪, 刘念, 郭微, 等. 2014. 广州地区 8 种草坪式屋顶绿化植物的抗旱性. 草业科学, (10):
　　1867-1876.

汤日圣, 童红玉, 黄益洪, 等. 2010. 高温胁迫对草地早熟禾某些生理指标的影响. 江苏农业学
　　报, (6): 1192-1196.

汤照云, 吕明, 张霞, 等. 2006. 高温胁迫对葡萄叶片三项生理指标的影响. 石河子大学学报(自
　　然科学版), (2): 198-200.

田彩萍, 姚延梼. 2011. 高温胁迫对枣树幼苗生长发育的影响. 天津农业科学, 17(3): 15-17.

涂三思, 秦天才. 2004. 高温胁迫对黄姜叶片脯氨酸、可溶性糖和丙二醛含量的影响. 湖北农业
　　科学, (4): 98-100.

万敏, 周卫, 林葆. 2003. 不同镉积累类型小麦根际土壤低分子量有机酸与镉的生物积累. 植物
　　营养与肥料学报, (3): 331-336.

王邦锡, 何军贤, 黄久常. 1992. 水分胁迫导致小麦叶片光合作用下降的非气孔因素. 植物生理
　　学报, (1): 77-84.

王宝山. 2010. 逆境植物生物学. 北京: 高等教育出版社.

王好运, 吴峰, 吴昌明, 等. 2018. 马尾松不同叶型幼苗对干旱及复水的生长及生理响应. 东北
　　林业大学学报, (1): 1-6.

王洪春. 1985. 植物抗逆性与生物膜结构功能研究的进展. 植物生理学通讯, (1): 60-66.

王建革, 苏晓华, 张冰玉, 等. 2004. 植物抗旱研究工作中的问题与方法初探. 中国农学通报, (4):
　　93-96.

王利芬, 孔丛玉, 吴思琳, 等. 2019. 2 种菊科植物对镉胁迫的生长和生理响应. 江苏农业科学,
　　(22): 164-166.

王梅, 徐正茹, 张建旗, 等. 2017. 遮阴对 10 种野生观赏植物生长及生理特性的影响. 草业科学,
　　(5): 1008-1016.

王三根, 宗学凤. 2015. 植物抗性生物学. 重庆: 西南师范大学出版社.

王婷, 房媛媛, 白小明, 等. 2014. 修剪频率和留茬高度对草地早熟禾与多年生黑麦草混播草坪

质量的影响. 草原与草坪, (5): 71-75.

王文泉, 张福锁. 2001. 高等植物厌氧适应的生理及分子机制. 植物生理学通讯, (1): 63-71.

王兴. 2015. 冬小麦东农冬麦 1 号抗寒拌种剂的研制与应用. 哈尔滨: 东北农业大学博士学位论文.

王旭明, 麦绮君, 周鸿凯, 等. 2019. 盐胁迫对 4 个水稻种质抗逆性生理的影响. 热带亚热带植物学报, 27(2): 149-156.

吴金山, 张景欢, 李瑞杰, 等. 2017. 植物对干旱胁迫的生理机制及适应性研究进展. 山西农业大学学报(自然科学版), (6): 452-456.

吴琼峰, 林燕芳. 2010. 几种屋顶绿化植物抗旱性对比研究. 安徽农学通报(上半月刊), 16(21): 88-90+97.

吴在生, 曹晓娟, 张智, 等. 2011. 高温胁迫下东方百合 'Sorbonne' 形态及生理响应. 西北农业学报, 20(2): 174-177.

武香. 2012. 盐胁迫下植物的渗透调节及其适应性研究. 北京: 中国林业科学研究院硕士学位论文.

锡林图雅, 徐柱, 郑阳. 2009. 不同放牧率对内蒙古克氏针茅草原地下生物量及地上净初级生产量的影响. 中国草地学报, (3): 26-29.

肖凡, 蒋景龙, 段敏. 2019. 干旱和复水条件下黄瓜幼苗生长和生理生化的响应. 南方农业学报, 50(10): 2241-2248.

谢晓金, 李秉柏, 程高峰, 等. 2009. 高温对不同水稻品种剑叶生理特性的影响. 农业现代化研究, 30(4): 483-486.

辛雅芬, 石玉波, 沈婷, 等. 2011. 4 种植物抗热性比较研究. 安徽农业科学, 39(8): 4431-4432+4501.

邢艳帅, 乔冬梅, 朱桂芬, 等. 2014. 土壤重金属污染及植物修复技术研究进展. 中国农学通报, (17): 208-214.

徐海, 宋波, 顾宗福, 等. 2020. 植物耐热机理研究进展. 江苏农业学报, 36(1): 243-250.

许萍, 车伍, 李俊奇. 2004. 屋顶绿化改善城市环境效果分析. 环境保护, (7): 41-44.

许容榕, 王卓敏, 薛立. 2017. 淹水胁迫对 3 种园林植物幼苗光合特性的影响. 亚热带植物科学, 46(1): 15-19.

杨好星, 邴永鑫, 陈思莉, 等. 2017. 华南地区水库消落带耐旱性草本植物的筛选. 江苏农业科学, (19): 275-279.

杨晶媛, 和丽萍. 2014. 土壤重金属污染的修复技术研究及进展. 环境科学导刊, (2): 87-91.

杨柳, 何正军, 赵文吉, 等. 2018. 红景天属植物生长及生理生化特征对遮阴的响应. 江苏农业科学, (3): 106-111.

杨少辉, 季静, 王罡. 2006. 盐胁迫对植物的影响及植物的抗盐机理. 世界科技研究与发展, 28(4): 70-76.

杨升, 张华新, 刘涛. 2011. 盐胁迫对三种不同耐盐类型植物生长和生理生化的影响//第十三届中国科协年会第16分会场-沿海生态建设与城乡人居环境学术论文集. 天津: 中国科协, 中国林学会: 27-34.

俞萍, 高凡, 刘杰, 等. 2017. 镉对植物生长的影响和植物耐镉机制研究进展. 中国农学通报, (11): 89-95.

郁万文, 蔡金峰, 高长忠. 2016. 不同桃砧类型对淹水胁迫的生理响应及耐涝性评价. 中国果树,

(3): 1-6.

原海云, 姚延梼. 2011. 高温胁迫对连翘叶片 SOD 活性的影响. 天津农业科学, 17(6): 102-104.

宰学明, 钦佩, 吴国荣, 等. 2007. 高温胁迫对花生幼苗光合速率、叶绿素含量、叶绿体 Ca^{2+}-ATPase、Mg^{2+}-ATPase 及 Ca^{2+} 分布的影响. 植物研究, (4): 416-421.

曾智驰, 章司晨, 石小翠, 等. 2019. 野生稻近等基因系应答低温胁迫的生理生化指标分析. 广西植物, (10): 1-10.

张艾青, 席冬梅, 初晓辉, 等. 2013. 修剪高度和频度对两种冷季型草坪草生长及外观质量的影响. 草业与畜牧, (5): 10-13.

张海燕, 樊军锋, 周永学, 等. 2020. 8 个白杨无性系抗寒性测定与评价. 西北林学院学报, 35(2): 87-93.

张建锋, 张旭东, 周金星, 等. 2005. 世界盐碱地资源及其改良利用的基本措施. 水土保持研究, 12(6): 32-34+111.

张金彪. 2000. 镉对植物的生理生态效应的研究进展. 生态学报, (3): 514-523.

张金彪, 黄维南. 2007. 镉胁迫对草莓光合的影响. 应用生态学报, (7): 1673-1676.

张静鸽, 田福平, 苗海涛, 等. 2020. 水分胁迫及复水过程 4 种牧草形态及其生理特征表达. 干旱区研究, 37(1): 193-201.

张娟, 姜闯道, 平吉成. 2008. 盐胁迫对植物光合作用影响的研究进展. 农业科学研究, 29(3): 74-80.

张乐华, 孙宝腾, 周广, 等. 2011. 高温胁迫下五种杜鹃花属植物的生理变化及其耐热性比较. 广西植物, 31(5): 651-658.

张磊, 孙慧颖, 高荣, 等. 2012. 不同浓度 PEG 模拟干旱胁迫对大叶铁线莲的影响. 黑龙江农业科学, (7): 69-72.

张立全, 张凤英, 哈斯阿古拉. 2012. 紫花苜蓿耐盐性研究进展. 草业学报, 21(6): 296-305.

张路, 张启翔. 2011. 高温胁迫对灰岩皱叶报春生理指标的影响. 西南农业学报, 24(5): 1728-1732.

张娜, 于晓莹. 2019. 浅议屋顶绿化植物配置的选择. 现代农业, (4): 70-71.

张文明, 巢建国, 谷巍, 等. 2017. 酸雨胁迫下茅苍术的光合及生理响应. 南方农业学报, 48(7): 1167-1172.

张显强, 罗在柒, 唐金刚, 等. 2004. 高温和干旱胁迫对鳞叶藓游离脯氨酸和可溶性糖含量的影响. 广西植物, (6): 570-573.

张宪法, 于贤昌, 张振贤. 2002. 土壤水分对温室黄瓜结果期生长与生理特性的影响. 园艺学报, (4): 343-347.

张彦捧. 2010. 高温胁迫对观赏草——细茎针茅的生理影响及耐热性诱导的研究. 重庆: 西南大学硕士学位论文.

张阳, 李瑞莲, 张德胜, 等. 2011. 涝渍对植物影响研究进展. 作物研究, 25(4): 420-424.

张永, 杨自辉, 王立, 等. 2017. 基于遥感分析 13 年来石羊河上游山区植被变化研究. 草业学报, (11): 12-21.

张玉斌. 2012. 重金属污染现状及防控策略. 环境保护与循环经济, (6): 4-7.

张元, 谢潮添, 陈昌生, 等. 2011. 高温胁迫下坛紫菜叶状体的生理响应. 水产学报, 35(3): 379-386.

张玥. 2016. 不同叶龄白三叶对不同季节温度响应及其生理可塑性研究. 烟台: 鲁东大学硕士学位论文.

张中峰, 张金池, 黄玉清, 等. 2016. 接种菌根真菌对青冈栎幼苗耐旱性的影响. 生态学报, 36(11): 3402-3410.

赵可夫. 2003. 植物对水涝胁迫的适应. 生物学通报, (12): 11-14.

赵丽英, 邓西平, 山仑. 2004. 持续干旱及复水对玉米幼苗生理生化指标的影响研究. 中国生态农业学报, (3): 64-66.

赵路. 2019. 植物在城市屋顶花园建设中的应用分析. 现代园艺, (11): 146-147.

赵孟良, 赵文菊, 郭怡婷, 等. 2019. 干旱胁迫及复水对菊芋生长及叶片光合和生理特性的影响. 植物资源与环境学报, 28(4): 49-57.

赵璞, 李梦, 及增发, 等. 2016. 植物干旱响应生理对策研究进展. 中国农学通报, (15): 86-92.

郑国琦, 许兴, 徐兆桢, 等. 2002. 盐胁迫对枸杞光合作用的气孔与非气孔限制. 西北植物学报, 11(3): 87-90.

郑龙海, 马龙, 邓勇, 等. 2009. 铺地锦竹草的试验栽植及城市园林应用. 草业科学, 26(6): 172-176.

郑姗, 邱栋梁. 2006. 植物重金属污染的分子生物学研究进展. 农业环境科学学报, 25(增刊): 792-798.

周欢欢, 傅卢成, 马玲, 等. 2019. 干旱胁迫及复水对'波叶金桂'生理特性的影响. 浙江农林大学学报, 36(4): 689-690.

周磊, 甘毅, 欧晓彬, 等. 2011. 作物缺水补偿节水的分子生理机制研究进展. 中国生态农业学报, 19(1): 217-225.

周白云, 梁宗锁, 李硕, 等. 2011. 干旱-复水对酸枣相对含水量、保护酶及光合特征的影响. 中国生态农业学报, (1): 93-97.

朱进, 赵莉莉. 2016. 淹水胁迫对苦瓜幼苗生长、丙二醛含量和SOD活性的影响. 湖北农业科学, 55(3): 655-657.

朱世东, 徐文娟. 2002. 大棚瓠瓜CO_2加富的生理生态效应. 应用生态学报, (4): 429-432.

左应梅. 2010. 木薯光合特性的生理生态研究. 海口: 海南大学博士学位论文.

Abbas T, Balal R M, Shahid M A, et al. 2015. Silicon-induced alleviation of NaCl toxicity in okra (*Abelmoschus esculentus*) is associated with enhanced photosynthesis, osmoprotectants and antioxidant metabolism. Acta Physiol Plant, 37(2): 6-20.

Alscher R G, Donahue J L, Cramer C L. 1997. Reactive oxygen species and antioxidants relationships in green cells. Physiol Plant, 100(2): 224-233.

An Y, Liang Z, Han R, et al. 2007. Effects of soil drought on seedling growth and water metabolism of three common shrubs in Loess Plateau, Northwest China. Frontiers of Forestry in China, 2(4): 410-416.

Collins G G, Nie X, Saltveit M E. 1995. Heat shock proteins and chilling sensitivity of mung bean hypocotyls. J Exp Bot, 46(288): 795-802.

de Azevedo N A D, Prisco J T, Enéas-Filho J, et al. 2005. Hydrogen peroxide pre-treatment induces salt-stress acclimation in maize plants. J Plant Physiol, 162(10): 1118-1121.

Devnarain N, Crampton B G, Chikwamba R, et al. 2016. Physiological responses of selected African sorghum landraces to progressive water stress and re-watering. S Afr J Bot, 103: 61-69.

Fahmy G M. 1996. Leaf anatomy and its relation to the ecophysiology of some non-succulent desert plants from Egypt. J Arid Environ, 36(3): 499-525.

Fang Y, Xiong L. 2015. General mechanisms of drought response and their application in drought resistance improvement in plants. Cell Mol Life Sci, 72(4): 673-689.

Farquhar G D, Sharkey T D. 1982. Stomatal conductance and photosynthesis. Annual Review of Plant Physiology, 33: 317-345.

Guo W, Li B, Zhang X, et al. 2007. Architectural plasticity and growth responses of *Hippophae rhamnoides* and *Caragana intermedia* seedlings to simulated water stress. J Arid Environ, 69(3): 385-399.

Hassan M J, Shao G, Zhang G. 2005. Influence of cadmium toxicity on growth and antioxidant enzyme activity in rice cultivars with different grain cadmium accumulation. J Plant Nutr, 28(7): 1259-1270.

Jackson M B, Ram P C. 2003. Physiological and molecular basis of susceptibility and tolerance of rice plants to complete submergence. Ann Bot, 91(2): 227-241.

Ledesma F, Lopez C, Ortiz D, et al. 2016. A simple greenhouse method for screening salt tolerance in soybean. Crop Sci, 56(2): 585-594.

Liu W G, Liu J X, Yao M L, et al. 2016. Salt tolerance of a wild ecotype of vetiver grass (*Vetiveria zizanioides* L.) in southern China. Botanical Studies, 57(1): 1-8.

Liu X, Huang B. 2000. Heat stress injury in relation to membrane lipid peroxidation in creeping bentgrass. Crop Sci, 40(2): 503-510.

Martin C E, Gravatt D A, Loeschen V S. 1994. Crassulacean acid metabolism in three species of Commelinaceae. Ann Bot, (74): 457-463.

Martineau J R, Specht J E, Williams J H, et al. 1979. Temperature tolerance in soybeans. I. evaluation of a technique for assessing cellular membrane thermostability. Crop Sci, 19(1): 75-78.

Mehdi L, Daniel E, Michel D. 2000. Effects of drought preconditioning on thermotolerance of photosystem II and susceptibility of photosynthesis to heat stress in cedar seedlings. Tree Physiology, 20(18): 1235-1241.

Picotte J J, Rhode J M, Cruzan M B. 2009. Leaf morphological responses to variation in water availability for plants in the *Piriqueta caroliniana* complex. Plant Ecol, 200(2): 267-275.

Romero-Aranda R, Soria T, Cuartero J. 2001. Tomato plant-water uptake and plant-water relationships under saline growth conditions. Plant Sci, 160(2): 265-272.

Ruiz D, Martinez V, Cerd A. 1999. Demarcating specific ion (NaCl, Cl⁻, Na⁺) and osmotic effects in the response of two citrus rootstocks to salinity. Scientia Horticultural, 80(3): 213-224.

Sakaki T, Komdo N, Sugahara K. 1983. Breakdown of photosynthetic pigment and lipids in spinach leaves with ozone fumigation: role of active oxygen. Physiol Plant, 59(1): 28-34.

Sauter A, Dietz K J, Hartung W. 2002. A possible stress physiological role of abscisic acid conjugates in root-to-shoot signalling. Plant Cell Environ, 25(2): 223-228.

Taiz L, Zeiger E. 2010. Plant Physiology. fifth edition. Sunderland: Sinauer Associates, Inc.

Yeh D M, Lin H F. 2003. Thermostability of cell membranes as a measure of heat tolerance and relationship to flowering delay in chrysanthemum. J Am Soc Hortic Sci, 128(5): 656-660.

Yiu J C, Tseng M J, Liu C W. 2011. Exogenous catechin increases antioxidant enzyme activity and promotes flooding tolerance in tomato (*Solanum lycopersicum* L.). Plant & Soil, 344: 213-225.

Zhang H X, Blumwald E. 2001. Transgenic salt-tolerant tomato plants accumulate salt in foliage but not in fruit. Nat Biotechnol, 19(8): 765-768.

Zhu J K. 2002. Salt and drought stress signal transduction in plants. Annu Rev Plant Biol, 53(1): 247-273.

第 5 章　铺地锦竹草繁殖方法研究

5.1　牧草繁殖方法概述

繁殖是植物种群更新与维持的重要环节，繁殖是生物有机体的基本特性，是连接生命不同世代间的纽带，不同繁殖方式对性状的遗传和变异均有不同的影响。许多濒危植物种都是由长期演化过程中自身繁育力衰退、生活力下降等内在因素和人类过度采挖及生境破坏等外在因素共同导致的。

牧草的繁殖方式一般分为有性繁殖和无性繁殖两种。有性繁殖是牧草的主要繁殖方式，即完成开花、受精、结实及种子成熟的整个过程。按照自然授粉方式的不同，牧草一般可以分为自花授粉植物、异花授粉植物和常异花授粉植物。对于不同授粉方式的牧草进行种子生产时所采取的管理方式不同。为保持物种的遗传多样性，采用种子繁殖育苗是有效的方法（邓莎等，2020）。

无性繁殖又称营养繁殖，主要是利用植物体的一部分，如根、茎等营养器官来产生子代。草本植物的无性繁殖方式有茎秆扦插、地下茎掩埋和组织培养等，主要是利用植物营养器官的再生与分生能力进行繁殖。无性繁殖可体现与母本相同的特征，保持母体固有的特性和维持该品种的优良性状（偶尔发生芽变除外），不仅不易产生种子繁殖的分离现象，还可缩短幼苗期，推进无性系育种的迅速发展。对于用种子繁殖困难的品种，采用营养繁殖更为必要。

5.1.1　扦插繁殖

对于草本植物，扦插繁殖或组织培养是使用最广泛的无性繁殖方法。

扦插繁殖是传统的无性繁殖方法，在我国已有多年应用历史。它是利用植物营养器官的再生能力，切取母体的根、茎、叶或花的一部分，在适宜的环境条件下插入基质，经人工培育使其重新生根、发芽，进而发育为独立的植株的方法（陈言，2006）。具体方法因植物种类和气候而异，一般在秋末或早春植株休眠期内进行。此法简便易行，成活率高，在牧草繁殖中效果较好。扦插繁殖根据取材、扦插部位的不同又可分为枝插、基插、根插、芽插和叶插等。扦插繁殖优点众多：①可最大程度保持母株的优良特性，适于植株优良品种的繁殖；②较种子繁殖容易，繁殖速度快，可有效避免种子休眠问题；③有效避免因花器退化或变异而不能产生种子的情况，使不具生活力的无性系得以延续。近年来，扦插繁殖在农林、园林、园艺苗木生产等领域中已被广泛应用。

在草类植物的扩繁生产中，夏秋时期，待部分茎秆发达、有明显腋芽的草本植物，如芒（*Miscanthus sinensis*）、紫光狼尾草（*Pennisetum alopecuroides* 'Ziguang'）、芦竹（*Arundo donax*）等长至饱满、营养物质积累较多时，可取其茎端进行扦插繁殖。一般而言，扦插10~15 d后即可形成完整植株。在扦插前用生长调节剂和生根粉等处理可促进其生根，缩短成株时间。通过研究扦插部位、时间和吲哚丁酸（IBA）对紫光狼尾草茎秆扦插幼苗生长情况的影响发现，下部芽苞所产生幼苗的生长状况最佳，中部芽苞所产生幼苗的生长状况优于上部芽苞。随扦插时间的推移，母株茎秆中可溶性糖含量呈双峰型变化，淀粉含量持续增加，幼苗成活率、苗高、干重、鲜重与生根数均呈先升后降的趋势；在0、0.1%、0.2%、0.3%、0.5%和1%浓度IBA处理下，茎秆扦插幼苗的成活率、干重、鲜重、最长根长和生根数均随激素处理浓度的增加而呈现先升后降的趋势（胡耀芳等，2018）。当前国内有关草本植物扦插繁殖的研究多集中于各类景天植物（韩敬和赵莉，2005；赵为等，2006），而关于铺地锦竹草扦插繁殖的研究少见报道。

5.1.2　组织培养

组织培养（简称组培）是指在无菌条件下，将离体的植物器官（根、茎、叶、花、未成熟的果实、种子）、组织（形成层、花药组织、胚乳、皮层等，细胞如体细胞、生殖细胞等）、胚（成熟和未成熟的胚）、原生质体（脱壁后仍具有生活力的原生质体）等在人工配制的培养基上培养，并给予适宜的培养条件，诱发其产生愈伤组织或潜伏芽等，或长成完整植株，是在细胞全能性的基础上发展而来，具有在不受其他干扰的情况下研究被培养部分的生长和分化规律的优点，在生长周期内通过人为控制培养条件可大量繁殖（李云，2001）。相较于木本植物，草本植物的组织培养（韩璐等，2016；马玲等，2020）更加简便易行。该技术不受地理位置和季节的限制，仅需足够的实验材料，就可进行研究，且遗传背景一致、生长周期短、成本低。植物组织培养技术作为一种重要的科研手段，已深入到作物育种、种质资源低温保存与交换、植物脱毒和快速繁殖、植物生产及植物遗传、病理研究等各个方面。植物组织培养中外植体的选择以植物细胞的全能性为依据，但不同组织器官再生能力差异性大，外植体的采集部位、时期及大小的差异都是影响植物组织培养的重要因素。

目前，国外组培应用最多的是同时具有药用和食用价值的芦荟，如 *Aloe pruinosa*（蔡丽敏等，2009）、*Aloe vera*（林美花和金香兰，2001；石进朝等，2005）和 *Aloe barbadensis* Mill（张海洋等，2008）等。国内仙人掌科植物组培主要涉及可食用仙人掌米邦塔（白玛玉珍等，2008；邱远金等，2008）；百合科芦荟属组培涉及芦荟、木立芦荟、库拉索芦荟等（陈言，2006）；景天科仅有关于六棱景天（高小燕等，2009）和垂盆草（杨建华等，2009）组织培养的报道。景天科植物组培均集中在可以用作药物的红景天（*Rhodiola rosea*）（赵慧等，2011；陈广玉，2011）。王岳英（2009）以同一株树莓的茎段、茎尖、叶片为外植体，进行组织培养实验发现，同一植株的不同器官诱导分化能力差异较大，以茎段为外植体，可获得最高诱导率，而叶片的诱导效果最差。王文静等（2010）以红金银花的幼茎、叶片、顶芽为外植体进行离体培养发现，不同的外植体组织在培养过程中的生长状况不同，其中茎尖最适宜作为外植体。培养基的选择也是组织培养的重要方面，不同种类的植物在离体培养条件下所需的营养物质各不相同，应依据所选实验材料的部位及培养目的的不同而选择不同的培养基。王立艳等（2006）以苏丹草的成熟种子为实验材料，研究不同培养基类型对其愈伤组织诱导率的影响，发现苏丹草成熟种子在培养基上的诱导效果最好，基本培养基最适宜于苏丹草种子愈伤组织的诱导培养。元磊和詹亚光（2007）在黄考献愈伤组织培养实验中选用了 5 种基本培养基，研究发现 NT 培养基继代培养效果最好，愈伤组织的增长量是其他 4 种培养基的 2~3 倍，而 WPM 和 MS 培养基效果不理想，尤其是 MS 培养基中黄波罗愈伤组织褐化严重，表明不同植物对于环境的要求不同，而这些环境条件会直接影响植物细胞的生长和分化进而影响整个组培再生体系的建立。在组织培养中，针对不同的植物要给予其适当的环境条件，以提高繁殖效率。任敬民等（2007）以台湾青枣为实验材料研究培养条件对组织培养的影响，发现愈伤组织在 31℃、pH 6.0 和光照 24 h 时长势较好。王敏（2010）在芦荟的组织培养过程中发现，不同的培养条件对芦荟生长产生的影响较大，芦荟的组织培养在 25℃恒温下效果较好，温度过高、过低或强光都易导致褐变发生，并且对培养基中酸碱度的变化感应极其敏锐，可严重影响芦荟愈伤组织及不定芽的分化，不适宜的 pH 会抑制芦荟愈伤组织的分化。

5.1.3　种子繁殖

种子繁殖也称有性繁殖，是用雌配子和雄配子受精形成的种子繁殖后代，也称实生繁殖（魏国平等，2013），是植物繁殖的基本方式。种子萌发的生理过程非常复杂（柯德森等，2003），也是整个植物生长过程的重要阶段（Chen et al.，2003）。有性繁殖利于基因交流，可产生更适合环境的后代。通过种子繁殖出来的实生苗，后代遗传内容丰富，变异性大，对环境适应性强，植株根系发达且多分布较深，生活力旺盛，主根明显，对贫瘠和干旱的土壤抗性强。

种子繁殖同时也是草类植物最重要的繁殖方式之一，采取种子繁殖的草本植物一般来源于野生草种的引种驯化，其实生后代不产生性状分离，并能够保持草种的稳定性和一致性，如狼尾草（*Pennisetum alopecuroides*）、青绿薹草（*Carex leucochlora*)、坡地毛冠草(*Mellinis nerviglumis* 'Savannah')、丽色画眉草(*Eragrostis spectabilis*)、须芒草(*Andropogon yunnanensis*)和短毛野青茅(*Calamagrostis brachytricha*)等。种子繁殖方式受多类生态因子影响，不同生境下不同植物种子对萌发温度、水分、营养元素等培养条件的要求各异，适宜的栽培环境可促进种子萌发和幼苗生长(赵天荣等，2011；佟斌和梁鸣，2015；雷舒涵等，2017)。武菊英等(2009)研究了温度对北京野生狼尾草以及大油芒(*Spodiopogon sibiricus*)种子萌发的影响，发现 15～20℃为最适宜的发芽温度，发芽率均在 90%以上。汪甜(2011)以多年生狼尾草种子为研究对象分析了不同温度、基质和覆土深度条件下种子的发芽率、出苗率、发芽指数和根长，探索出了适宜狼尾草种子萌发生长的最佳条件。佟斌和梁鸣(2015)采用变温和预冷处理方法对 5 种乡土草种进行发芽实验，发现不同种类草种萌发的适宜温度不同。秦衍雷等(2013)研究了光照、温度、水分及土层深度对丽色画眉草种子萌发的影响，发现种子最适萌发温度为 35℃，增加光照和适宜的土层深度有利于种子萌发。雷舒涵等(2016)对 7 种野生观赏草种在不同温度和盐胁迫条件下进行发芽实验，发现几种种子的最适萌发温度多在 20～25℃，结果显示野生观赏草萌发的各个指标随 NaCl 溶液浓度(0%～1.1%)的增加而下降，由此综合评价 7 种野生观赏草种子萌发期耐盐性的强弱。鲁燕琴等(2019)研究了储藏时间、温度和激素浓度对狼尾草种子萌发的影响，发现储藏时间延长可显著加速种子老化，温度是影响狼尾草种子萌发的重要因素之一，温度过高可显著抑制种子萌发，不同激素处理对狼尾草种子的萌发也有显著促进作用。王建刚等(2020)综合评价了丽色画眉草、花叶芒(*Miscanthus sinensis* 'Variegatus')和小兔子狼尾草(*Pennisetum alopecuroides* 'Little Bunny')等 6 种观赏草种在不同浓度氯化钠溶液处理下的耐盐性，发现这 6 种观赏草种子的胚根相对长度、相对发芽率和简化活力指数均随盐浓度的升高而明显下降，并得出了 6 种观赏草种耐盐性的强弱顺序。

草本植物种子在繁殖过程中需注意两个问题：采种母株要选择种源优良的单株，以防不同种源的同一草种产生较大的性状差异；避免采到杂交种子或异花授粉草种。种植区内有同属不同种或同种不同品种植株时，可能会产生杂交种子，此种情况下，播种后产生的后代会发生性状分离。在草本植物扩繁中，很多草类植物，尤其是禾本科草种，存在异花授粉后后代分离的现象。初步探索可采用种子繁殖，但不代表可采取种子育苗的方法进行扩繁，所以只有经过多年的自交、筛选或结合适当的营养繁殖方式，才能获得稳定遗传的品种。

5.2 铺地锦竹草繁殖方法的研究进展

铺地锦竹草茎下垂，木质化程度高，不易腐烂，作为屋顶绿化植物，可有效避免常见景天属植物品种单一，且在华中、华南等高温、高湿地区易出现的腐烂、干枯和死亡问题（张斌，2016）。

汤聪等（2014）通过对华南地区 8 种草坪植物抗旱性的研究发现，铺地锦竹草的抗旱性超过常见屋顶绿化植物如佛甲草、中华景天等其他 7 种植物，并且发现其能够耐受 53.05℃的高温半致死温度（汤聪等，2013），因此，在高温湿热的热带、亚热带地区具有较强的应用潜力（李灿等，2016）。此草为阴性或中性植物，具有较强的喜阴耐阴力和耐贫瘠力，可在自然条件下大量分株繁育；茎节处须根繁多且长，覆盖性好，生长期内能够在 65 d 形成 80%的地面覆盖率，一旦建群可抑制其他杂草生长。此草绿期长，花色洁白，具有较高的观赏价值和生态效益（简曙光等，2005）。植株匍匐性好、扩展迅速，对肥料需求少、病虫害少（郑龙海等，2007），建坪与养护管理费用低，能够耐受高温湿热的环境条件，既适宜于落叶密林下的环境，也适宜城市高架桥梁下的环境，符合当下城市园林"常绿林地下多物种、品种植株抗性强、管理粗放、节约用工用料成本、提升城市绿化质量"等要求，是值得推广应用的优良野生宿根绿化植物。

乔煜（2015）等在研究轻型屋顶绿化应用推广过程中使用铺地锦竹草进行基质栽培实验，经综合评价后发现，在园林绿化废弃物与珍珠岩体积比为 7：3 时，加入一定量配比的黏结剂与有机肥，是最适宜铺地锦竹草生长的固性基质配比。练启岳等（2017）采用不同基质及其配比对生长健壮、无病虫害、带有 3 个节间的铺地锦竹草茎段进行扦插繁殖和生根研究，发现其在泥炭土+珍珠岩基质中的生根效果最好。李钱鱼等（2016）通过对铺地锦竹草在不同深度栽培基质中的生长实验研究发现，泥炭+椰糠 6 cm 深度处理下根系生长最好，塘泥+椰糠 1：1 混合基质 6 cm 深度处理下叶片生长量、覆盖率、萌蘖数和生长速度均达到最大。杨子平（2018）以铺地锦竹草、紫背锦竹草（*Callisia spiderwort*）、大花马齿苋（*Portulaca grandiflora*）、松叶牡丹（*Portulaca grandiflora* 'DoublePeony'）4 种植物为实验材料，进行植被卷繁殖技术研究，发现在不同基质类型、厚度和撒播密度下，铺地锦竹草有不同的性状表现。1-4-80 处理（1 代表国产泥炭，4 为 4 cm 基质厚度，80 为插穗条数）盖度最高，达到 100%，表明同样使用铺地锦竹草插穗 80 条/0.25 m^2 的撒播密度下，优先选择 4 cm 厚的国产泥炭基质，两个月后植被卷能够达到 100%盖度。就铺地锦竹草植被卷厚度而言，处理 2-4-80（2 代表园林废弃物堆肥）植被卷厚度最小，而处理 3-4-100（3 代表蘑菇渣堆肥）植被卷厚度最大，表明基质厚度相同时，基质种类和撒播密度决定植被卷厚度。其中，蘑菇渣堆肥基质营养丰富，有利于植被卷根系吸收养分，根系生长发达，撒播密度较大，有助于植被根系快速盘结成团，增加铺地锦竹草植被厚度。处理 3-4-100 时地上生物量最大，而处理 3-1-80 地上生物量最小；表明基质类型都为蘑菇渣堆肥时，基质厚度和撒播密度决定铺地锦竹草植被卷地上生物量的大小；基质越厚，撒播密度越大，植株生长越旺盛，地上生物量越大。而从铺地锦竹草密度的测定结果发现，处理 3-4-50 的密度值最大，处理 2-2-80 的密度值最小，表明铺地锦竹草仅使用 50 条/0.25 m² 的撒播密度就足以在 4 cm 厚的蘑菇渣堆肥基质上达到植被卷密度最大化，显然蘑菇渣堆肥基质较厚，营养丰富，能促进植物生长，因而植被卷密度也较大。实验中铺地锦竹草植被卷总重量最轻的是处理 3-1-50，最重的是处理 3-4-50，故总重量差异在于蘑菇渣堆肥基质的厚度，表明铺地锦竹草使用 50 条/0.25 m² 的撒播密度在蘑菇渣堆肥基质上栽植时，基质越厚，铺地锦竹草植被卷总重量越大。由铺地锦竹草干重测定结果发现，处理 3-4-100 干重最大，处理 1-1-50 干重最小，表明使用 100 条/0.25 m² 的撒播密度和 4 cm 的蘑菇渣堆肥基质时对铺地锦竹草植被卷的干重影响最大。由根盖度测定结果可知，处理 3-1-50 根盖度最高，处理 1-4-50 根盖度最低，表明同样使用 50 条/0.25 m² 的撒播密度时，铺地锦竹草在 1 cm 厚的蘑菇渣堆肥基质上根盖度最高，蘑菇渣堆肥基质能促进植物根系扎根种植基质，基质厚度越薄，根系分布越广，盖度越高。从不同基质类型、厚度与撒播密度的处理对铺地锦竹草植被卷综合品质的影响结果可以看出，综合品质最高的是处理 3-4-100，表明使用铺地锦竹草插穗 100 条/0.25 m² 的撒播密度在 4 cm 厚的蘑菇渣堆肥基质上综合品质最好，可保证植物良好生长。

美中不足的是，铺地锦竹草种子细小、自然条件下发芽率低，从开花到结实耗时较长，果实不易繁殖，因而少采用播种繁殖，但仅通过有性繁殖获得的植株远远不够，需借助扦插或组织培养等无性繁殖方法来解决生长繁殖的问题。在实际应用过程中，主要采用扦插繁殖法，将其连根带茎拔出，进行分株或断茎栽植，可达到较高的移栽成活率。

5.3　基于铺地锦竹草快繁的茎龄和茎节研究

5.3.1　基于铺地锦竹草快繁的茎龄研究

以铺地锦竹草为材料，在自然情况下采用盆栽实验研究不同茎龄（3 个月、4 个月、9 个月）对该草生长与繁殖的影响。通过对不同茎龄的铺地锦竹草在岭南师范学院草业实验基地生长状况及形态特征的分析，选择更适合粤西地区生长和繁殖的铺地锦竹草茎龄，以期为大面积种植和推广提供理论依据。

实验通过比较铺地锦竹草生长速度、分枝速度、盖度、叶绿素含量、物候期、花期及花色的变化情况发现，铺地锦竹草 11 月初进入枯黄期，绿期 240～270 d，进入枯黄期后在栽植盘土层表面又长出少量翠绿色铺地锦竹草幼叶。

　　茎龄 9 个月的铺地锦竹草茎生长速度和分枝速度最快，茎龄 4 个月的铺地锦竹草茎生长速度和分枝速度最慢（图 5-1，图 5-2）。各茎龄铺地锦竹草盖度从 7 月至翌年 2 月整体呈先上升后下降的趋势，10 月末各茎龄铺地锦竹草的盖度均上升至整个物候期的最高值，为 95%（图 5-3）。铺地锦竹草叶绿素含量整体呈先增长后下降的趋势，平均叶绿素含量大小为 9 个月>4 个月>3 个月>3 年>10 年（图 5-4）。铺地锦竹草在秋季开花，开花初期为嫩绿色，后期变为淡白色，花瓣呈透明状，花期持续 20 d 左右。开花到结果没有发现成熟的种子，此结论尚待进一步研究验证。在粤西地区，易于在初春、初秋进行扦插繁殖。初步研究结果显示茎龄 9 个月的铺地锦竹草更适合扦插繁殖及大规模种植并应用于屋顶绿化，具体研究结果如下。

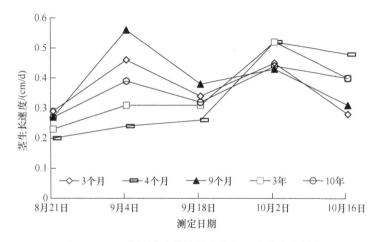

图 5-1　不同茎龄铺地锦竹草茎生长速度的变化趋势

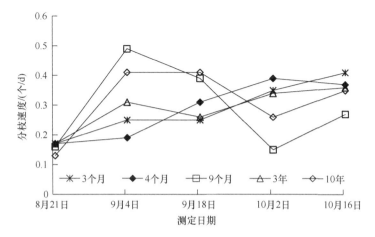

图 5-2　不同茎龄铺地锦竹草分枝速度的变化趋势

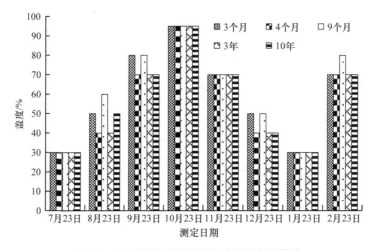

图 5-3 不同茎龄铺地锦竹草盖度的变化趋势

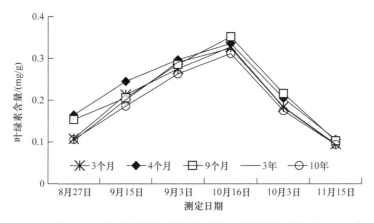

图 5-4 不同茎龄铺地锦竹草叶绿素含量的变化趋势

铺地锦竹草分枝速度变化趋势表明（图 5-2），铺地锦竹草的分枝速度呈先上升后下降，再上升的趋势。在控制单一变量的条件下，不同茎龄铺地锦竹草的平均分枝速度快慢为 9 个月>10 年>3 年>3 个月>4 个月。其中，茎龄为 4 个月的铺地锦竹草平均分枝速度是茎龄为 9 个月的铺地锦竹草的 61.2%。

不同茎龄的铺地锦竹草盖度变化呈先上升后下降，再上升的趋势。实验测定时间（10 月）为铺地锦竹草开花期，茎的生长受阻，盖度开始呈现下降的趋势。由于气温升高和连续降雨，铺地锦竹草在翌年春开始返青，盖度呈上升的趋势

不同茎龄铺地锦竹草叶绿素含量变化趋势表明，铺地锦竹草的叶绿素含量变化呈先上升后下降趋势（图 5-4）。茎龄 9 个月的铺地锦竹草叶绿素含量变化最快，茎龄 10 年的铺地锦竹草叶绿素含量变化速度最慢。不同茎龄生长的铺地锦竹草平均叶绿素含量大小为 9 个月>4 个月>3 个月>3 年>10 年。

对铺地锦竹草的物候期观察发现（表 5-1，表 5-2），此草绿期 240～270 d，草坪景观在春、夏、秋三季均较好；铺地锦竹草在秋季开花，开花初期为嫩绿色，后期变为淡白色，花瓣呈透明状，花期 20 d 左右，但开花后会影响草坪景观。

表 5-1　铺地锦竹草花期、花色及绿期

花色	花期	绿期
开花初期花色嫩绿； 后期变为淡白色（透明）	9 月底～10 月中	3 月～10 月

表 5-2　铺地锦竹草物候期观察情况

物候期	时间
出苗期	15 d
生长期	3～9 个月
花期	20 d
枯黄期	2 个月
返青期	30 d

本实验在岭南师范学院草业实验基地栽植铺地锦竹草，通过对其生长状况及形态特征的分析得出以下结论。

（1）不同茎龄铺地锦竹草的生长速度和分枝速度：铺地锦竹草从 7 月末开始种植，进入 8 月湛江高温干旱，气温过高使铺地锦竹草生长有所增加但幅度不大，9 月、10 月气温下降，空气中湿度大，茎生长明显并达到整个物候期的最高值，此时也逐渐进入铺地锦竹草的开花期，茎的生长受阻而呈现下降的趋势；10 月底、11 月铺地锦竹草的营养生长基本停止，植株开始枯黄，在翌年的春年开始返青。铺地锦竹草的分枝从 8 月初开始，进入 9 月、10 月分枝速度基本与生长速度变化一致，随着时间的推移和气候的变化，分枝不断减慢，进入开花期后，铺地锦竹草基本停止生长。通过对铺地锦竹草茎生长速度和分枝速度的分析发现，在湛江地区，初春和初秋时铺地锦竹草的茎生长速度和分枝速度较快，易于在初春、初秋进行扦插繁殖。而茎龄为 9 个月的铺地锦竹草生长速度和分枝速度较快更适合扦插繁殖及大规模应用于屋顶绿化。

（2）不同茎龄铺地锦竹草的盖度和物候期：铺地锦竹草的盖度变化呈先上升后下降，再上升的趋势，且不同茎龄的铺地锦竹草在整个物候期中变化情况不同。盖度在 8 月、9 月逐渐上升，10 月中旬盖度达到最高，进入 11 月后，随着茎和叶生长速度的减慢停止，盖度呈下降趋势，在翌年的春年随植株返青，盖度逐渐增大。由于铺地锦竹草花期短、绿期长，在秋天观赏价值高。通过对铺地锦竹草盖度变化趋势的分析再次验证了，在湛江地区春季和秋季是铺地锦竹草生长最好的时期，此时草色深浅均匀，生长高度整齐，密度均匀，观赏和绿化效果最佳。而茎龄为 9 个月的铺地锦竹草生长和繁殖状况最好，更适合屋顶绿化的应用和繁殖扩展。

（3）不同茎龄铺地锦竹草的叶绿素含量：铺地锦竹草叶绿素含量呈先上升后下降的趋势，9月、10月气温下降、空气中湿度大，茎生长明显且达到物候期的最高值，而叶绿素含量也达到整个物候期的最高值，此时也逐渐进入铺地锦竹草的开花期，叶绿素含量开始呈现下降的趋势。通过对铺地锦竹草叶绿素含量变化趋势的分析再次验证了，在湛江地区9个月茎龄的铺地锦竹草叶绿素含量最高，在秋天更具有观赏和绿化价值，适合种植并用于屋顶绿化。

综上所述，从生长速度、分枝速度、盖度、叶绿素含量、物候期及花期和花色进行分析，春季和秋季是铺地锦竹草生长最好的时期，而9个月是铺地锦竹草进行扦插的最佳茎龄。因此，在粤西地区采用不同茎龄扦插的方式繁殖铺地锦竹草，为了获得较高的成活率和生长质量，能够较快地获得大面积且生长旺盛的铺地锦竹草植株，应该选择茎龄为9个月的铺地锦竹草并在春季和秋季进行扦插繁殖。

5.3.2 基于铺地锦竹草快繁的茎段长度研究

采用不同茎段长度的铺地锦竹草，使用盆栽方法，在湛江地区进行扦插种植，通过对其生长状况及形态特征进行分析研究，探索进行快速、优质繁殖的最佳茎段长度，以期为屋顶铺面栽培提供指导依据。

实验分别测定和比较了铺地锦竹草不同长度茎段的成活率、茎生长长度、分枝数量、叶绿素含量及盖度，得到如下结果：除了1节茎段，其他长度（3节、5节、7节、9节）茎段的成活率都达到90%以上；茎生长长度由大到小排序为5节>3节>7节>9节>1节；5个处理组的茎生长速度都大致呈现先升高后降低的趋势；平均分枝数量由高到低排序为5节>7节>9节>3节>1节；5个处理组的分枝速度都大致呈现先升高后降低的趋势；5个处理组的叶绿素含量变化都呈先升高后降低的趋势，均在9月30日左右达到整个物候期的最高值，此时5节茎段的叶绿素含量最高，为0.395 mg/g；5个处理组的生长盖度变化都呈先升高后降低趋势，5节、7节和9节茎段的生长盖度在10月中旬达到整个物候期的最高值，而1节和3节茎段的生长盖度在11月初才达到整个物候期的最高值，均为95%。从以上7个指标综合判断，若在湛江种植铺地锦竹草，建议采用5～7节茎段进行扦插种植，结果如下。

对不同长度茎段铺地锦竹草的成活率研究发现（表5-3），常规管理两周后，1节茎段的成活率为76.2%，3节茎段的成活率为94%，5节茎段的成活率为97.6%，7节茎段和9节茎段的成活率均为100%，所有植株的平均成活率为93.56%。实验结果表明，铺地锦竹草采用茎段扦插法进行繁殖，有较高的成活率，随着茎段长度的增加，成活率也随之提高，直至达到100%。这是因为铺地锦竹草的茎节部极易生根，茎段长度是影响铺地锦竹草成活率的重要因素，茎段长度过短不利于铺地锦竹草插条的成活。

表 5-3　铺地锦竹草不同长度茎段的成活率统计

项目	1 节	3 节	5 节	7 节	9 节
1 组/cm	21	26	28	28	28
2 组/cm	23	25	26	28	28
3 组/cm	20	28	28	28	28
成活率/%	76.2	94	97.6	100	100

铺地锦竹草具有长匍匐茎，匍匐茎蔓延迅速，匍匐茎主茎的茎节向下生出不定根，节上的腋芽向外发育成新的匍匐茎（图 5-5）。条件适宜时靠产生新匍匐茎能很快传播，生长迅速，侵占性强。

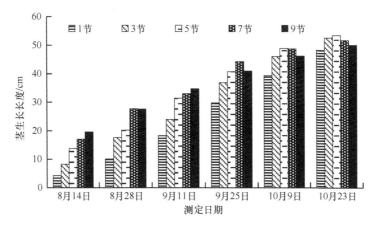

图 5-5　铺地锦竹草不同长度茎段的茎生长长度

通过分析不同长度茎段对茎生长长度的影响发现，茎段过短（1 节）或过长（9 节）都不利于铺地锦竹草的扦插生长。如图 5-6 所示，从铺地锦竹草不同长度茎段的生长速度变化趋势可看出茎段茎节数越多，每节长度越长。通过对铺地锦竹草茎生长速度的分析，在粤西湛江地区，铺地锦竹草在夏末和初秋的生长速度较快。

对铺地锦竹草的分枝数量进行观察统计发现（图 5-7），1 节茎段的分枝数量与 7 节茎段、9 节茎段之间存在显著差异，表明茎段过短（1～3 节）不利于铺地锦竹草插条产生分枝，这可能与茎段自身的营养水平有关。

由图 5-8 铺地锦竹草不同长度茎段的茎分枝速度变化趋势可以看出，铺地锦竹草的茎分枝速度总体呈先加快再减慢的趋势，不同长度茎段的分枝速度最大值相对比较集中，表明在粤西湛江地区，铺地锦竹草在夏末和初秋的分枝速度较快。随着时间的进程，分枝速度与茎生长速度的变化趋势基本保持一致。

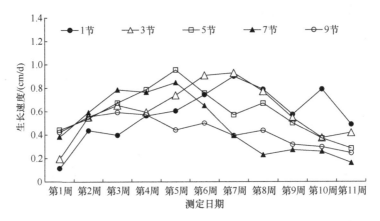

图 5-6 铺地锦竹草不同长度茎段的生长速度

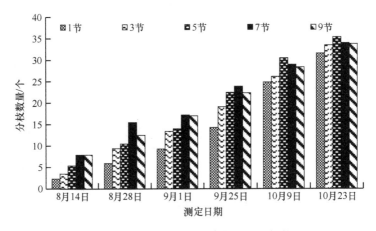

图 5-7 铺地锦竹草不同长度茎段的分枝数量

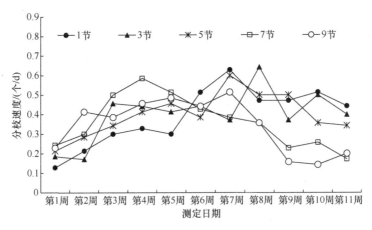

图 5-8 铺地锦竹草不同长度茎段的茎分枝速度变化趋势

　　由图 5-9 铺地锦竹草不同长度茎段的叶绿素含量可以看出，铺地锦竹草 5 个处理组的叶绿素含量变化均呈先升高后降低趋势。不同茎节长度 5 个处理组的平均叶绿素含量由高到低排序为 5 节>3 节>1 节>7 节>9 节，在叶绿素含量达峰值的 9 月底叶绿素含量最高的是 5 节茎段，为 0.395 mg/g，叶绿素含量最低的是 9 节茎段，为 0.359 mg/g，最高比最低高出 10%。随着气温的降低，铺地锦竹草 5 个处理组均出现不同程度的枯黄，大部分植株的茎、叶开始由上至下枯黄。由此看出，在秋季，铺地锦竹草的叶片颜色较深，光合作用较强，一定程度上增加了绿色景观效果。

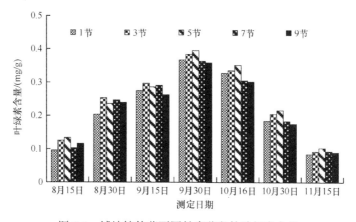

图 5-9　铺地锦竹草不同长度茎段的叶绿素含量

　　由图 5-10 铺地锦竹草不同长度茎段的生长盖度可以看出，8 月中旬到 12 月中旬期间，5 个处理组的生长盖度变化均呈先升高后降低趋势，茎段长度越长，越快达到生长盖度的最大值。进入越冬期后，铺地锦竹草新叶长势良好，由于有上层枯草的覆盖，下层铺地锦竹草新叶存活率占实验用植株的 50%。说明铺地锦竹草不易在较冷的气候下生长。对铺地锦竹草盖度变化趋势的分析表明，除了春季，秋季也是铺地锦竹草生长较好的时期。

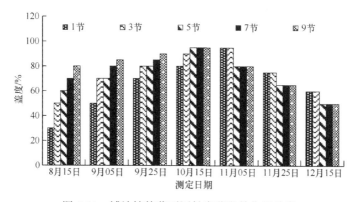

图 5-10　铺地锦竹草不同长度茎段的生长盖度

　　本实验得到如下结果：铺地锦竹草可以采用茎段扦插方式进行繁殖，茎段长度影响其繁殖数量和生长质量。研究表明，不同长度茎段繁殖的成活率都较高，除了 1 节茎段外，其余长度（3 节、5 节、7 节、9 节）茎段的成活率都达到 90%以上，其中 7 节茎段和 9 节茎段的成活率均达到 100%。说明铺地锦竹草的成活率随茎段长度的增加而提高，茎段过短不利于铺地锦竹草插条的成活。

　　对铺地锦竹草不同长度茎段的部分生物学特性进行比较发现，茎生长长度由大到小排序为 5 节>3 节>7 节>9 节>1 节；5 个处理组的茎生长速度都大致呈先升高后降低趋势。说明茎段过短（1 节）或过长（9 节）都不利于铺地锦竹草插条主茎的生长。

　　铺地锦竹草的分枝数量由高到低排序为 5 节>7 节>9 节>3 节>1 节；5 个处理组的茎分枝速度都大致呈先升高后降低趋势。茎段过短（1～3 节）不利于铺地锦竹草插条分枝的产生，可能与茎段自身的营养水平有关。表明茎段长度越长，越快达到生长盖度的最大值。

　　综合以上结论，从成活率、茎生长长度、分枝数量、叶绿素含量和生长盖度这 5 个指标进行综合判断，5 节和 7 节是铺地锦竹草进行扦插的最佳茎段长度。在本研究中，5 节茎段的成活率、茎生长长度、分枝数量、叶绿素含量及盖度和 7 节之间差异不显著。因此，若在湛江采用茎段扦插的方式种植铺地锦竹草，为了获得较高的成活率和生长质量，能够较快地获得大面积且生长旺盛的铺地锦竹草植株，建议采用 5～7 节茎段进行扦插种植。

参 考 文 献

白玛玉珍, 李宝海, 次仁措姆, 等. 2008. 西藏野生大花红景天种子处理与发芽试验初报. 西藏科技, (9): 6-7.

蔡丽敏, 董丽. 2009. 景天品种扦插繁殖研究. 西北农业学报, 18(1): 277-280.

陈广玉. 2011. 绿萝的组织培养及快速繁殖的研究. 安徽农业科学, 3: 16-17.

陈言. 2006. 园林树木的扦插繁殖. 园林科技, 3(101): 15.

邓莎, 吴艳妮, 吴坤林, 等. 2020. 14 种中国典型极小种群野生植物繁育特性和人工繁殖研究进展. 生物多样性, 28(3): 385-400.

高小燕, 李连国, 江少华, 等. 2009. 不同浓度与基质对景天扦插生根的影响. 内蒙古农业大学学报, 30(2): 100-103.

韩敬, 赵莉. 2005. 景天属植物研究进展. 安徽农业科学. 33(11): 2129-2130+2141.

韩璐, 修景润, 代月, 等. 2016. 几种因素对白鹤芋组培苗增殖生长的影响. 延边大学农学学报. 38(4): 313-316.

胡耀芳, 范希峰, 滕珂, 等. 2018. 扦插部位、时间和 IBA 浓度对'紫光'狼尾草(*Pennisetum alopecuroides* 'Ziguang') 茎秆扦插成活的影响. 草地学报, 26(4): 928-934.

黄智明. 1995. 珍奇花卉栽培. 广州: 广东科技出版社.

简曙光, 谢振华, 韦强, 等. 2005. 广州市不同环境屋顶自然生长的植物多样性分析. 生态环境, (1): 75-80.

柯德森, 孙谷畴, 干爱国. 2003. 抗坏血酸与种子萌发的关系. 应用与环境生物学报, 9(5): 497-500.

雷舒涵, 许蕾, 白小明. 2017. 温度及盐胁迫对 7 个野生观赏草种子萌发特性的影响. 草原与草坪, 37(2): 20-28.

雷舒涵, 杨妮妮, 余倩倩, 等. 2016. 甘肃地区 10 个野生观赏草种子萌发期抗旱性评价. 草业科学, 33(12): 2475-2484.

李灿, 罗倩, 翁殊斐. 2016. 广州城市公园常用鸭跖草科植物及其园林配置应用. 热带农业科学, 36(3): 87-91.

李钱鱼, 林盛松, 方少雄, 等. 2016. 不同栽培基质对铺地锦竹草(Callisia repens)生长的影响. 韶关学院学报, 37(10): 44-48.

李云. 2001. 林果花菜组织培养快速育苗技术. 北京: 中国林业出版社.

练启岳, 林中大, 肖辉, 等. 2017. 不同基质和生长调节剂对乡土植物扦插生根的影响. 林业与环境科学, 33(1): 59-62.

林美花, 金香兰. 2001. 八宝景天不同生产性嫩枝扦插方法效果与成本比较. 农林科技, 10: 111-112.

鲁燕琴, 肖涛, 袁龙义, 等. 2019. 储藏时间、温度和激素老化对狼尾草种子萌发的影响研究. 江西师范大学学报, 43(1): 108-111.

马玲, 仇文婷, 王彦军, 等. 2020. 珍稀中药材白及组培快繁体系的建立. 中国农学通报, 36(19): 80-84.

乔煜. 2015. 轻型环保屋顶绿化技术研究初探. 广州: 仲恺农业工程学院硕士学位论文.

秦衍雷, 武菊英, 滕文军, 等. 2013. 观赏草丽色画眉种子萌发特性研究. 植物分类与资源学报, 35(2): 165-170.

邱远金, 谭勇, 王绍明, 等. 2008. 不同化学药剂对野生蔷薇红景天种子萌发的影响. 种子, 27(12): 34-38.

任敬民, 胡民强, 文素珍, 等. 2007. 培养条件对台湾青枣组织培养的影响. 湖北农业科学, 46(1): 27-29.

施韬, Schumacher W R, 施惠生. 2006. 植物根阻拦材料与绿色种植屋面. 新型建筑材料, (2): 17-20.

石进朝, 解有利, 迟全勃. 2005. 几种景天科野生植物引种栽培试验研究. 中国农学通报, 21(8): 308-310.

汤聪, 郭微, 刘念, 等. 2013. 几种广州地区屋顶绿化植物耐热性的测定. 北方园艺, (11): 62-65.

汤聪, 刘念, 郭微, 等. 2014. 广州地区 8 种草坪式屋顶绿化植物的抗旱性. 草业科学, 31(10): 1867-1876.

佟斌, 梁鸣. 2015. 五种观赏草种子繁殖特性研究. 国土与自然资源研究, (4): 88-89.

汪甜. 2011. 狼尾草种子萌发生物学及繁殖技术研究. 南京: 南京林业大学硕士学位论文.

王建刚, 王仕勇, 赵玉欣. 2020. 6 种观赏草种子萌发期耐盐性评价. 山东林业科技, (3): 29-32.

王立艳, 裴忠有, 孙守钧, 等. 2006. 不同的激素配比及培养基类型对苏丹草愈伤组织诱导率的影响. 天津农学院学报, 13(4): 24-27.

王敏. 2010. 芦荟组织培养的研究进展. 湖南农业科学, (7): 13-15.

王文静, 张宝献, 王鹏. 2010. 红金银花不同外植体组织培养直接成苗培养基筛选. 北方园艺,

(13): 180-182.

王岳英. 2009. 树莓组织培养最佳外植体材料试验. 山西林业科技, 38(2): 12-13.

魏国平, 唐宇银, 黄慧, 等. 2013. 园艺木本植物繁殖技术研究进展. 江苏农业科学, 41(10): 127-130.

武菊英, 滕文军, 袁小环, 等. 2009. 北京地区野生禾本科观赏草资源调查及繁殖特性研究. 草地学报, (1): 10-16.

杨建华, 童俊, 陈法志, 等. 2009. 几种景天属植物引种及其扦插繁殖研究. 湖北林业科技, 2: 31-33.

杨子平. 2018. 4 种屋顶绿化植物的应用研究. 广州: 仲恺农业工程学院硕士学位论文.

元磊, 詹亚光. 2007. 黄波罗的愈伤组织培养. 东北林业大学学报, 35(9): 14-15+23.

张斌. 2016. 不同相对湿度下几种屋顶绿化景天植物耐热性研究. 北方园艺, (7): 69-73.

张海洋, 徐秀芳, 陈建忠. 2008. 紫景天扦插繁殖技术研究. 北方园艺, (2): 172-174.

赵慧, 郁东宁, 孙譞, 等. 2011. 黄菖蒲的组织培养与快速繁殖. 北京农学院学报, 26(1): 73-75.

赵天荣, 张秋君, 蔡建岗, 等. 2011. 多年生观赏草的生长和繁殖特性研究. 北方园艺, (15): 103-106.

赵为, 邓科君, 杨足君, 等. 2006. 景天科植物基因组 DNA 的高效提取方法. 安徽农业科学, 4(22): 5804-5805.

郑龙海, 张后勇, 李莉. 2007. 吉祥草的栽植技术与园林应用. 北方园艺, (5): 155-156.

周伟伟, 王雁. 2006. 北京市的屋顶绿化. 中国城市林业, (4): 35-37.

Chen Y X, He Y F, Ltio Y M, et al. 2003. Physiological mechanism of plant roots exposed to cadmium. Chemosphere. 50(6): 789-793.

Park S Y, Yeung E C, Chakrabarty D. 2002. An efficient direct induction of protocorm-like bodies from leaf subepidermal cells of *Doritaenopsis hybrid* using thin-section culture. Plant Cell Reports, 21(1): 46-51.

第6章 铺地锦竹草屋顶绿化草坪建植技术与应用

6.1 屋顶绿化应用概述

根据国际生态安全合作组织（International Ecological Safety Collaborative Organization，IESCO）调查研究，城市的最佳环境为人均绿化面积达到 60 m^2 以上，联合国对城市规划要求的人均绿化面积为 30~40 m^2，华沙、堪培拉、维也纳、斯德哥尔摩等都已超过了这一标准，华盛顿、巴黎、柏林、莫斯科、伦敦、新加坡等世界名城人均绿地都已达到 40~50 m^2，东京规定，凡是新建建筑物占地面积超过 1000 m^2，屋顶必须有 20%为绿色植物覆盖。然而，中国国家统计局数据显示，2019 年我国人均公园绿地面积为 14.4 m^2，且低于人均水平的城市还有很多，可见我国大部分城市的绿化速度与质量远低于发达国家城市平均水平，尚未跟上城市的经济发展步伐。然而，随着城市建设的发展，水泥道路及建筑涌现使得城市用地紧张，地面绿化建设相对饱和，增加绿地面积更加困难，只能尝试新的、更加合适城市绿化建设的其他绿化方式。屋顶绿化和垂直绿化成为城市绿化的新亮点，尤其是在城市建筑密集地区进行的屋顶绿化，通过使传统的地面绿化转变为立体空间绿化，可有效弥补城市绿化面积的不足，增加城市空间绿化层次，不仅营造了新的城市景观，而且达到净化空气、消减噪声、调适气候等效果。

我国屋顶绿化研究于 20 世纪 60 年代起步，受环境条件恶劣和传统观念束缚，屋顶绿化技术发展很慢（李树华和殷丽峰，2005）。建于 20 世纪 70 年代的广州东方宾馆的屋顶绿化是我国第一次将屋顶绿化统一到建筑物的规划中。1983 年，北京修建了五星级旅游宾馆——长城饭店，建造了我国北方第一座大型露天屋顶花园。从那以后，我国各地出现了不同的屋顶绿化，其中最出名的有：上海华亭宾馆、广州中国大酒店大型天台花园、北京首都宾馆精致的屋顶花园、北京丽京花园别墅的三组大型屋顶花园（黄金锜，1992）。近 10 年来，随着我国城市化的加速，深圳、重庆、成都、广州、北京、上海、长沙、兰州、武汉等城市的屋顶绿化建设速度加快，绿化面积增加明显（郑翔等，2010）。

国内许多省市都很重视屋顶绿化建设，如四川、深圳、广东、上海、成都、北京、广州、杭州、重庆等省市都先后颁布政策支持屋顶绿化。1994 年，四川省出台了地方标准《蓄水覆土种植屋面工程技术规范》。1999 年，深圳市人民政府发布了《深圳市屋顶美化绿化实施办法》，并组织开展了相关的检查、督促和考评工作。2000 年，广东省建设厅、公安厅、工商行政管理局联合下发了《关于我省城市屋顶美化和防护（防盗）网、空调器及室外管道规范装设的意见》，提出各市可参照深圳市的做法，结合本地实际，制定建筑物屋顶美化、绿化措施。2002 年，上海市静安区人民政府于 6 月 1 日发布了《关于上海市静安区屋顶绿化实施意见（试行）的通知》，提出从 2002 年起，凡列入当年屋顶绿化实施的项目，每完成 1 m² 奖励 10 元。2005 年，成都市发布实施的《成都市屋顶绿化及垂直绿化技术导则（试行）》，借鉴德国经验，政府利用政策导向，使屋顶绿化和垂直绿化成为城市绿化的特色。2005 年，北京市出台了地方标准《北京市屋顶绿化规范》（DB11/T 281-2005）。2007 年，广州市发布并开始实施了《广州市屋顶绿化技术规范》。2007 年，重庆市颁布实施了《重庆市种植屋面技术规程》。2010 年浙江省杭州市人民政府办公厅印发了《杭州市区建筑物屋顶综合整治管理办法》，明确将屋顶绿化作为屋顶整治内容之一。2011 年，北京市人民政府正式发布《关于推进城市空间立体绿化建设工作的意见》。2015 年，《财政部　住房和城乡建设部　水利部关于开展中央财政支持海绵城市建设试点工作的通知》提出"向建筑屋顶要绿化"正是现代海绵城市发展的一种趋势。

6.2　铺地锦竹草屋顶绿化草坪建植技术进展

自 2001 年以来，本团队在广东省从事草业科学研究，2012 年在湛江市赤坎区大兴街 77 号房子的屋顶看见生长良好的铺地锦竹草，经过多方深入调查该草在此屋顶自然生长超过 10 年，无任何人工管理措施；在广东省科技厅"基于屋顶绿化技术——粤西野生铺地锦竹草的驯化栽培与开发利用"（项目编号 2014A030304066）等多个项目资助下，连续 8 年在不同地区实验，通过对铺地竹锦草不同茎龄生长与繁殖、高温与干旱胁迫等多项研究，发现该草可以在大于 10℃年积温 5000℃、年降水量 1000 mm 以上的地区生长，并且铺地锦竹草外观整齐、匍匐生长、高度不超过 15 cm，连续干旱 210 d 复水后也可恢复生长。

由粤西野生铺地锦竹草研制而成的"屋顶绿化草坪"，根系既密又浅，不会破坏屋顶结构；土壤基质既薄又轻，不会产生楼板承重过大的问题；经受了 2015 年第 22 号台风"彩虹"（登陆时瞬间风力达 17 级）的考验，抗风效果良好。

通过相关的实验研究表明：如果无任何隔热措施，烈日下普通楼板增温 15～30℃；如果使用隔热砖，烈日下楼板增温 5～10℃，隔热砖使用寿命仅 5～15 年；

而在使用防晒网隔热时，楼板增温达 7~13℃，遇大风时需要维护，使用寿命短、成本高；而在采取屋顶绿化措施下楼板增温在 3℃ 以内，相对隔热砖、防晒网等隔热材料而言，具有建设低成本、无须维护管理、生态效率高等优势（表 6-1）。由粤西野生铺地锦竹草研制而成的"屋顶绿化草坪"，质轻、匍匐性和贴地性强，具有持久的耐旱、耐高温等能力，抗逆性强，适应性广，无须浇水、施肥、修剪，因此无须后续人力、物力投入，也排除了楼板承重与根系破坏屋顶结构等次生灾害的发生。免维护、低成本的铺地锦竹草屋顶草坪绿化具备高效率、全生态的优良特点。

表 6-1　不同屋顶绿化产品对屋顶的降温作用

产品名称	烈日下楼板增温	使用寿命	维护周期
屋顶绿化草砖	3℃ 以内	永久	无
屋顶绿化草毡	3℃ 以内	永久	无
传统园林绿化	3℃ 以内	永久	7~15 d
楼顶隔热砖	5~10℃	5~15 年	无
楼顶防晒网	7~13℃	1 年	大风时需要维护
无任何措施	15~30℃		

利用铺地锦竹草建植的草坪已在广东省湛江市的楼顶连续生长 8 年，目前已推广种植 5000 多平方米。从最初的直接在屋顶种植，到之后的利用塑料托盘栽植，再到最近开发的新产品——草毡，经培育后可直铺于楼顶种植生长，克服了传统塑料托盘易风化老化的缺点，且成本低，运输更方便，进一步填补和丰富了"新植物，旧楼顶，免维护和低成本"屋顶绿化草坪建植模式。相关技术获得国家知识产权局颁发的发明专利 3 项，实用新型专利 23 项。这 26 个专利填补了屋顶绿化方面 26 个技术细节的空白；此外，获得国家工商总局"燕岭牌"注册商标 1 个。

2017 年 5 月 30 日在首个全国科技工作日，网易新闻向全国现场直播铺地锦竹草屋顶绿化技术研究进展，浏览量高达 310 多万。"学习强国"、《南方日报》、国家林业和草原局"林草新闻"、广东电视台、湛江电视台和《湛江晚报》等众多媒体的关注与报道，引起社会对屋顶草坪绿化的广泛关注，产生了良好的社会效益。

目前已在广东的湛江、广西的南宁、北海和海南的海口等城市楼顶推广种植。实践表明："新植物、旧楼顶、免维护和低成本"的铺地锦竹草屋顶绿化建植模式可在我国热带与亚热带地区城市大面积推广应用，也可推向太平洋岛国和东盟十国城市，让更多城市楼顶戴上一顶又一顶的"绿帽子"，未来应用前景广阔。利用铺地锦竹草屋顶绿化建植模式，推动屋顶草坪建设，是缓解城市"热岛效应"的理想方式，更是我国热带与亚热带地区大面积屋顶绿化的首选，势必有力推动城市生态文明建设，实现海绵城市的建设目标，具有巨大的市场引领示范作用。

粤西铺地锦竹草作为屋顶绿化新材料的应用研发经历了 3 个产品的迭代完善。

6.3 铺地锦竹草屋顶草坪第一代产品——"粗放式屋顶草坪"建植技术与应用

6.3.1 "粗放式屋顶草坪"建植技术

自 2012 年开展铺地锦竹草屋顶绿化相关研究以来，本项目以原生于湛江市赤坎区中兴街 77 号楼顶的野生铺地锦竹草为材料进行屋顶直播，在屋顶直接铺一层生长基质，包括基质层和土壤基质。将其质层和土壤基质以 1∶1 充分混合，把茎龄 9 个月的铺地锦竹草切成 5 个茎节长的茎段（茎节上带叶），种到混合基质之上（基质厚度 1 cm）；铺地锦竹草行间距均为 5 cm，再撒上 0.1 cm 厚的土壤基质覆盖层，最后再浇透水。结合屋顶直播草坪培育的特点，安设临时灌溉设备，在铺植的后两个星期，早、晚各浇水一次，浇水程度为以土壤基质浇透为准，待其生根后，三天洒水一次，浇水程度为以全部或部分土表面有水浸湿即可，两个月成坪后不再需要任何人工管理，临时灌溉设备全部撤离。

运用该技术建成的屋顶直播草坪具有建设成本低、隔热效果好、成坪后无须维护管理、生态效率高等优点。经研究发现，该草坪根系既密又浅，不会破坏屋顶；土壤基质既薄又轻，不会产生楼板承重过大的问题。但缺点是，草坪易分散成块状，也不方便运输，不易产业化。

6.3.2 "粗放式屋顶草坪"的应用

铺地锦竹草屋顶草坪第一代产品——"粗放式屋顶草坪"的研发应用在 2012～2015 年，铺地锦竹草直接建植在楼顶厚度为 1 cm 的生长基质上（图 6-1）。铺地锦竹草根系浅，对于楼顶表层没有危害，不会破坏防水层导致房屋渗水（图 6-2，图 6-3）。由于没有器具制约生长基质和铺地锦竹草的生长范围，导致边界不整齐，易形成独立块状，影响成坪美观。后期使用围砖的方法，使得建植在楼顶的铺地锦竹草草坪整齐美观（图 6-4，图 6-5）。

图 6-1　"粗放式屋顶草坪"应用于岭南师范学院教学楼屋顶绿化（2014 年 5 月，刘金祥摄）
（彩图请扫封底二维码）

图 6-2　"粗放式屋顶草坪"的浅根系不破坏楼顶层防水结构（2014 年 5 月，刘晚苟摄）
（彩图请扫封底二维码）

图 6-3　"粗放式屋顶草坪"的浅根系呈网络状生长（2014 年 6 月，刘金祥摄）
（彩图请扫封底二维码）

图 6-4　"粗放式屋顶草坪"使用围砖改良后的应用效果（2015 年 5 月，刘金祥摄）
（彩图请扫封底二维码）

图 6-5　岭南师范学院第四教学楼楼顶生长 6 年的"粗放式屋顶草坪"（刘晚苟摄）
（彩图请扫封底二维码）

6.4　铺地锦竹草屋顶草坪第二代产品——"草砖"的建植技术与应用

6.4.1　"草砖"的建植技术

因第一代屋顶绿化产品固有的缺点，我们研发了第二代屋顶绿化产品——屋顶绿化草砖（简称"草砖"），这个产品可在地面培育后搬运至楼顶，解决了第一代产品移动性差的问题。"草砖"的土壤基质轻薄，不会出现楼顶承重过大的问题，且产品形状设计灵活多变，便于装载运输。其基质包括如下（按质量百分数计）组分：20%～30%甘蔗渣、15%～30%活性炭、10%～20%骨粉、10%～20%卡拉胶和10%～20%米糠。该技术提供的草砖基质取代了普通土壤，是一种土壤替代型复合生长基质，且重量轻，易于搬运和运输，实用性和推广性强。"草砖"的形状可任意设计以实现多样化美化楼顶的效果。"草砖"所用基质均为可降解的天然物质，并且含有铺地锦竹草生长所需要的营养成分，生长基质使用一段时间后会降解，降解产物能被铺地锦竹草吸收利用。本技术采用特定茎龄和茎节的铺地锦竹草，能够提高铺地锦竹草的抗逆性和生长率，且种植简便，绿化成坪快，绿化效果好，成本低廉，生态环保无毒害，重量轻，方便运送到屋顶使用。目前已在楼顶正常生长 8 年，且对楼顶无任何损伤或破坏作用。

以该草建植的草坪目前已在楼顶推广种植 4500 多平方米，其中在湛江市科学技术协会楼顶推广种植 1000 m^2，科学技术局楼顶推广种植 1000 m^2，岭南师范学院楼顶种植 2500 多平方米，岭南师范学院楼顶草坪已连续生长 8 年，无须修剪、无须施肥、无须浇水，长势旺盛，用户只需一次购买，便可使屋顶永久绿化，且该草坪经受了 2015 年第 22 号台风"彩虹"的考验，抵抗台风效果优异；实验还表明，在夏季强日照下，屋顶绿化草坪可使顶楼室温降低 3℃左右。

该项目产品目前已获得相关专利 7 项：一种楼顶铺地锦竹草的快速繁殖成坪方法（发明专利号 ZL201610706604.7）；一种可降解的草坪砖与锦竹草绿化快速建植方法（发明专利号 ZL201610706268.6）；草坪生长砖（正六边形）（实用新型专利号 ZL201630382262.9）；一种带缓冲槽的正五边形草坪生态砖（实用新型专利号 201620862943X）；一种可拆卸防晒屋顶草坪间接培植装置（实用新型专利号 ZL201520121202.1）；一种带凹槽的正六边形草坪砖（实用新型专利号 ZL 201620862944.4）；一种用于屋顶绿化的易提携托盘（实用新型专利号 ZL 201520121125.X）。获国家工商总局"燕岭牌"注册商标 1 个。

6.4.2 "草砖"的应用

2015 年研究团队在总结粤西铺地锦竹草第一代产品应用推广的基础上，不断研发新技术，改进完善产品功能。由于第一代产品直接建植于地表面，不适合搬运、转移、建植和扩繁，第二代产品"草砖"使用了多种形态的培育盘（以矩形居多）进行建植，解决了长途搬运困难的问题（图 6-6～图 6-10）。培育过程中，跟踪观察不同季节铺地锦竹草根系和匍匐茎的生长情况（图 6-11～图 6-14）。

图 6-6　"粗放式屋顶草坪"与"草砖"比较（2015 年 7 月，刘金祥摄）
（彩图请扫封底二维码）

图 6-7　湛江电视台宣传报道"粗放式屋顶草坪"和"草砖"（2015 年 7 月，刘金祥摄）
（彩图请扫封底二维码）

图 6-8 运输转运"草砖"（2016 年 5 月，刘晚苟摄）（彩图请扫封底二维码）

图 6-9 "草砖"搬运建植于屋顶（2016 年 5 月，刘晚苟摄）（彩图请扫封底二维码）

图 6-10 "草砖"在岭南师范学院教学楼顶建植完成（2016 年 7 月，刘金祥摄）
（彩图请扫封底二维码）

图 6-11 "草砖"扩繁育苗培植试验场（2016 年 5 月，刘金祥摄）（彩图请扫封底二维码）

图 6-12 检查"草砖"在楼顶的生长情况（2020 年 9 月，刘晚苟摄）（彩图请扫封底二维码）

图 6-13 检查"草砖"根系生长情况（2015 年 10 月，刘晚苟摄）（彩图请扫封底二维码）

图 6-14　"草砖"秋末冬初枯萎状况（2020 年 11 月，张涛摄）（彩图请扫封底二维码）

6.5　铺地锦竹草屋顶草坪第三代产品——"草毡"的建植技术与应用

6.5.1　"草毡"的建植技术

实际应用中发现，第二代产品——"草砖"使用的塑料托盘，在屋顶恶劣环境中易风化老化，不仅增加投资成本，而且影响草坪美观性。基于此情况，本团队又开发了新产品——可降解的铺地锦竹草生态毡（简称"草毡"），该产品从下到上依次包括基底层、基质层 A、茎段层、有机质层、基质层 B。基质层 A 和 B 为可生物降解的基质养分层；茎段层用于放置铺地锦竹草茎段。所用铺地锦竹草的茎龄为 9 个月，茎节为 5～7 节。所研发的草毡是一种可卷、可降解的毯式绿化生态毡，尤其适用于热带和亚热带地区的楼顶建植。在草毡上进行草坪直播，无需土壤，结合特定的铺地锦竹草茎龄和茎节，能够提高铺地锦竹草的抗逆性和生长率，从而使其生长快速，草毡绿化效果好，且种植简便，绿化成坪快，成本低廉。基底层由常见的农作物秸秆纤维制成，成本低、可降解，可取代传统的塑料托盘载体。草毡培育基本流程如图 6-15。

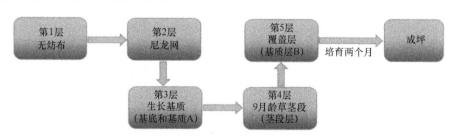

图 6-15　"草毡"培育基本流程

目前已获得相关专利 5 项：一种可降解的铺地锦竹草生态毡及其快速繁殖成坪方法（发明专利号 ZL201610706277.5）；一种草坪生态毡（实用新型专利号 ZL201620862986.8）；一种菱形的草坪生态毡（实用新型专利号 ZL201620862989.1）；一种带缓冲凹槽的正六边形草坪生态毡（实用新型专利号 ZL201620862981.5）；一种表面带有凹槽的草坪生态毡（实用新型专利号 ZL201620862987.2）。

该产品在保证铺地锦竹草正常生长的前提下，选择更加轻质的培养基质作为草毡的基部。草毡具有将草坪与屋顶硬质地面分隔开的作用，有利于植物根系的生长，降解之后还能为植物提供营养物质，达到资源最大利用率。

基底层包括如下（按质量百分数计）原料：纤维 95%～99%；增塑剂硅胶 1%～5%；纤维包括椰壳纤维、大麻纤维、稻秆纤维中的一种或多种，可将各类纤维先进行物理和化学处理后，进行压制黏合制成，有一定的韧性和抗拉性。基质层 A 包括下列（按质量百分数计）原料：枯枝枯叶、木屑、树皮、甘蔗渣的单一或组合 30%～45%；玉米粉、木薯粉、大豆粉的单一或组合 10%～20%；水 10%～15%，保水剂 2%～8%、增塑剂硅胶 3%～10%、辛烯基琥珀酸淀粉酯 4%～8%、淀粉酶 4%～8%、纤维素酶 4%～8%，合成聚合物聚氨酯橡胶 5%～10%、琼脂糖 2%～10%、杀虫剂 2%～3%、杀菌剂 2%～3%、植物生长调节剂 3%～5%。基质层 A 为可生物降解的基质养分，由枯枝枯叶、木屑、树皮、玉米粉及其他可得到的农作物秸秆的机械粉碎物，与水、合成聚合物、增塑剂硅胶、酶等加热加压形成均匀的热熔体，基质块冷却后以浸泡法加入杀菌剂、杀虫剂、植物生长调节剂。基质层 A 凹槽呈互相平行的横带状，并间隔 1 cm 分布（给缝合留出所需位置），每条凹槽带宽 3 cm，深 1.5～2.5 cm。基质层 A 可降解，可取代传统的土壤基质，同时减轻屋顶的负重压力，且原料来源丰富、环保、成本低。基质层 A 带有凹槽供装载铺地锦竹草，省时省力，可提高绿化效率。凹槽带间隔分布，以便给植物生长留出所需空间。有机质层取代传统的覆盖土，只填充在基质层 A 的凹槽里，覆盖各槽中的铺地锦竹草，既辅助固定凹槽中的铺地锦竹草，又可替代土壤来维持草的活性，有机质层比土壤透气性好、质轻、有机营养多、环保。基质层 B 也设置凹槽，凹槽宽 10 cm、深 1 cm，基质层 B 的凹槽并不装载铺地锦竹草，只为美观而设计，即可灵活构成不同纹理图案。在楼顶铺好草毡并浇水后，最上层的有凹槽的基质层 B 渐渐溶解，缓慢提供营养。

"草毡"培养基质原料配比如图 6-16 所示。

相对传统园林绿化、隔热砖和防晒网等隔热措施而言，本次项目的新一代产品——"草毡"，具有建造成本低、隔热效果好、无须维护管理、生态高效率等优势，与之前的"草砖"相比，除了具有第二代产品的优点外，还因在楼顶铺设时无须使用塑料托盘更为经济环保，而且对屋顶的形状无要求，能保护楼板，提高

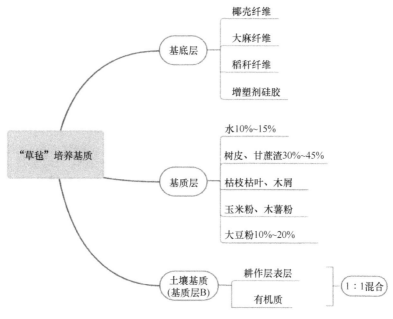

图 6-16　"草毡"培养基质原料配比图

屋顶建筑的寿命，成本相对更低，运输也更方便。在无任何隔热措施的情况下，烈日照射下普通楼板增温 15～30℃；使用隔热砖的情况下，楼板增温 5～10℃，隔热砖使用寿命仅 5～15 年，工程费用为 60～90 元/m²，成本较高；如果使用防晒网，烈日下楼板增温 7～13℃，大风天气需要维护，使用寿命短，工程费用为 5～20 元/m²，成本高；如果使用传统屋顶草坪隔热，楼板增温虽在 3℃以内，但维护周期为 7～15 d，工程费用为 30～3000 元/m²。如使用铺地锦竹草屋顶草坪，可永久使用且免维护，"草砖"工程费用为 85 元/m²，"草毡"的工程费用仅为 40 元/m²。

　　以铺地锦竹草为原材料研制的铺地锦竹草草毡，可用于楼顶绿化和降温，是为满足热带、亚热带地区楼顶绿化降温需求推出的一类可以在屋顶生长多年且免维护的绿化产品。2019～2020 年实现"草砖"向"草毡"的转化升级，在楼顶铺设时无须再依附塑料托盘，既环保又节省材料，同时还使铺设草坪的楼顶景观更加立体化。

6.5.2　"草毡"的应用

　　"草砖"解决了"粗放式屋顶草坪"边缘不整齐的问题，同时使得运输更加方便，但在建植大面积屋顶时，园艺工人的工作量仍然较大。因此，在"草砖"的基础上，研究团队根据已有经验和实际操作过程中遇到的难点加以完善，研制出了第三代产品，即"草毡"（图 6-17）。铺地锦竹草经过初期培育，在草毡的基底层和基质层 A 下方分别使用条形无纺布和尼龙网，使得产品可以直接卷成卷进行运输，并能快速建植大面积屋顶（图 6-18～图 6-21）。广东电视台教育频道曾对产品进行报道（图 6-22）。

图 6-17　与湛江市森科种苗有限公司共同培育的"草毡"（2019 年 9 月，刘金祥摄）

（彩图请扫封底二维码）

图 6-18　"草毡"在地面进行扩繁和卷曲检测（2020 年 5 月，刘晚苟摄）

（彩图请扫封底二维码）

图 6-19　"草毡"正在被转运至屋顶（2020 年 5 月，刘金祥摄）（彩图请扫封底二维码）

图 6-20　园艺工人正在楼顶快速铺植"草毡"（2020 年 5 月，刘金祥摄）（彩图请扫封底二维码）

图 6-21　"草毡"秋季开始枯萎（2020 年 11 月，刘晚苟摄）（彩图请扫封底二维码）

另外，粤西铺地锦竹草屋顶绿化产品也在政府部门和企业的屋顶绿化中推广应用，社会与生态效益良好（图6-22～图6-25）。

图 6-22　广东省湛江市科学技术协会楼顶生长 3 年的"草砖"（2018 年 6 月，刘金祥摄）
（彩图请扫封底二维码）

图 6-23　广东省湛江市科技局楼顶上未建植草坪时的状态（2018 年 4 月，刘金祥摄）
（彩图请扫封底二维码）

图 6-24　广东省湛江市科技局楼顶上建植"草砖"后的状态（2018 年 5 月，刘金祥摄）
（彩图请扫封底二维码）

图 6-25　广东省湛江市科技局楼顶生长 3 年的"草砖"（2019 年 5 月，刘金祥摄）
（彩图请扫封底二维码）

参 考 文 献

黄金锜. 1992. 屋顶花园设计与营造. 北京: 中国林业出版社.

李树华, 殷丽峰. 2005. 世界屋顶花园的历史与分类. 中国园林, (5): 57-61.

郑翔, 郑瑞杰, 高荣海. 2010. 我国屋顶绿化现状及发展建议. 农业科技与装备, (10): 24-27.

后　记

　　繁忙的都市生活与紧张的工作节奏，使人们的城市生活与自然环境的关系日渐疏远。人们更多的时光会在人工建筑空间中度过，钢铁、混凝土和玻璃等更多地体现了现代工业文明的精确和冷静，但却缺乏与人进行情感交流的纽带。然而，人与自然在情感上总是有着千丝万缕的联系，春夏秋冬、风花雪月、草木枯荣，这些自然现象都会在人的内心引起联想和共鸣。近几十年来，城市空间结构越来越呈现出复杂性和多样性，城市空间的立体化，使人们对城市的审美水平不断提高。随着社会的不断发展，原先不为重视的城市屋顶也越来越多地得到社会关注，灰秃秃的、脏乱差的、无特色的"第五立面"已经不能满足现代人们对美好生活的向往。对于城市居民而言，屋顶空间的开发也为人们提供了合适的娱乐休闲空间，让人们在每日的忙碌之后，又多了一个新的去处。因此，要想恢复人与自然的联系，满足人们对美好生活的向往，达到保持人类身心健康、滋养精神和培育美感的目的，将天然的草坪引入人工建筑之中就显得非常必要。

　　屋顶绿化是一项牵涉多个部门、涵盖多个学科的复杂的系统工程。在远离地面的屋顶进行绿化是一项比较复杂的"技术活"，对于建筑荷载、屋顶渗漏、物种配置、基质选用、生长土壤与植物品种之间的关系，这些问题只有用实实在在的科学实验来回答。目前我国的屋顶绿化实践中，还缺少行业技术规范和标准，技术上缺少权威的理论指导。对一些城市而言屋顶绿化工作仍处于"集体无意识"状态，因此，建立屋顶绿化长远规划也是必要的。

　　由粤西天然铺地锦竹草研制而成的"屋顶绿化草坪"，外观整齐、生态幅广、易存活。而且，该草坪根系既密又浅，不会破坏屋顶；土壤基质既薄又轻，不会产生楼板承重过大的问题。在"无浇水、无施肥、无修剪、无喷药及无管护"的"五无"免维护楼顶环境条件下，连续生长超过8年，而且，无需后续专门的人力物力投入。屋顶草坪绿化工程具备低成本、高效率、全生态的优良特点，是我国热带与亚热带地区大面积屋顶绿化的理想草坪。铺地锦竹草屋顶绿化草坪的开发利用已不是"空中楼阁"，改善城市"第五立面"，从裸露荒凉的屋顶平台到绿草如茵的屋顶空间，为人类提供良好的居住环境，这种从无到有的过程，需要每个人的努力，也需要方方面面的共同支持与参与。

　　《铺地锦竹草屋顶绿化新技术》一书，前言、第1章、第5章和后记由刘金祥、张涛撰写，第 2 章由霍平慧、张涛撰写；第 3 章、第 4 章由刘晚苟、霍平慧撰写，第 6 章由张涛、霍平慧撰写，全书由刘金祥统稿。

将铺地锦竹草应用于屋顶绿化草坪的可参阅文献十分有限，本书重要的数据几乎全部来源于 4 位作者和他们指导的岭南师范学院园林、生物科学专业 50 多名同学的毕业试验。本书作者在写作过程中，得到了许多人的热情帮助和指导，在此一并表示衷心的感谢。由于作者经验不足，本书的缺点在所难免，欢迎各界前辈、同行和广大读者批评指正。

刘金祥